国家社会科学基金项目（23BGL199）
教育部人文社会科学基金项目（18YJC760008）
广东省哲学社会科学规划项目（GD22CYS15）

城市更新：
存量时代城中村
再生性改造研究与实践

陈薇薇　著

U0262771

中国建筑工业出版社

图书在版编目（CIP）数据

城市更新：存量时代城中村再生性改造研究与实践 /
陈薇薇著 . -- 北京：中国建筑工业出版社，2024. 12.
ISBN 978-7-112-30521-6

Ⅰ . TU984.2

中国国家版本馆 CIP 数据核字第 2024S7Q892 号

责任编辑：杨　晓
责任校对：赵　力

城市更新：存量时代城中村再生性改造研究与实践

陈薇薇　著

*

中国建筑工业出版社出版、发行（北京海淀三里河路9号）
各地新华书店、建筑书店经销
北京光大印艺文化发展有限公司制版
建工社（河北）印刷有限公司印刷

*

开本：787毫米×1092毫米　1/16　印张：15¾　字数：296千字
2024年11月第一版　　2024年11月第一次印刷
定价：**68.00**元
ISBN 978-7-112-30521-6
（43825）

前言

在存量时代背景下，城中村作为城市中特有的居住形态，其改造与更新变得尤为重要。随着城市化进程的不断加快，城中村因其地处城市中心的地理位置而逐渐成为城市的一部分，但由于历史原因，这些地区普遍存在着基础设施落后、居住环境恶劣、安全隐患突出等诸多问题，它们的存在反映了城乡一体化过程中的矛盾与挑战。

大多数城中村位于城市的核心区或紧邻城市周边，其建筑密度高，房屋老旧，缺乏有效的市政服务设施。这种情况不仅影响了居民的生活质量，还给城市管理带来了诸多难题，如消防安全、卫生条件、交通拥堵等问题日益凸显，亟需得到解决。为此，城中村的再生性改造成为必然的选择。这一改造过程不仅需要改善基础设施，提高居住环境质量，还需要考虑到居民的实际需求，维护社会稳定，同时促进经济发展与环境保护的和谐统一。改造过程应当遵循以人为本的原则，充分考虑社区居民的意见和利益，确保改造方案能够得到广泛的支持与认可。同时，许多城中村拥有丰富的历史文化资源，这些资源是城市文化多样性的重要组成部分，因此，再生改造应当重视对文化资源的保护和利用，使改造后的城中村成为既有现代气息又不失传统韵味的城市空间。

全书旨在探讨存量时代背景下如何进行有效的城中村再生性改造理论研究与实践，以实现城中村与周边现代城市环境的和谐共生。基于图底关系理论、环境行为理论、有机更新理念、共生理论以及文化传承等多个视角，结合具体的案例分析，本书深入探讨了城中村公共空间再生性改造的设计策略与实施路径。全书共分为六章，第一章首先分析了我国城中村的现状及其存在的主要问题，并回顾了城中村改造的历史背景与理论基础。第二章至第六章，每章围绕一个核心视角展开讨论，包含了理论基础、策略制定、设计实践等环节，力求为城中村的可持续发展提出具有可操作性的策略与建议。

本书不仅是一本学术研究著作，更是一部实践指南。通过对多个具体项目设计的分析，展示了理论与实践相结合的重要性，同时也揭示了城中村再生性改造面临的挑战与机遇。本书将帮助政策制定者、城市规划师、建筑师及相关领域的学者们深入了解城中村再生改造的重要性和紧迫性，并提供科学合理的解决思路。

在此，要感谢所有的课题团队成员，感谢邓燕红、陈业鹏、石瑾颖、彭玲俐、刘欣茹等同学整理本书中各项数据与绘制图纸，他们的辛勤工作使得本书能够顺利出版。同时，我们也期待读者能够从中获得启发，共同推动城市更新的各项工作以及城中村改造事业的发展，为建设更加宜居、和谐的城市贡献一份力量。

目 录

第一章

绪论

我国快速的城市化导致了城市周边地区被大规模吞并，城市人口急剧增长。如今，国内的城市发展已经过渡到"旧城更新多于新城建设"的阶段，过去的城市更新实践总是希望"毕其功于一役"，利用"大拆大建"整治城市中混乱的区域，但在市场因素的影响下，土地征用的成本越发高昂。因此，可以预见我国大部分城中村将与城市长期并存，而对于城市管理者来说，城中村问题更是一道难以解决的问题。按照先前城中村"大拆大建"的改造模式，势必导致自然资源损耗、社会资源浪费，同时也将破坏城市肌理、割裂城市精神场所和城市文脉。吴良镛院士在《北京旧城与菊儿胡同》中把城市更新比作"绣花衣裳"，"新三年，旧三年，缝缝补补又三年"，破旧的部分应按照其原有纹理加以"织补"。将城市看作一个有机整体，并加以嵌入式、渐进式的持续更新，这便是需要研究的城市更新的出路[①]。

第一节 我国城中村现状分析及存在问题

一、城中村的分类

自改革开放至今，我国的经济得到飞速发展，城市化扩张进程十分迅猛，2021年，我国城市的数量由 20 世纪七八十年代的 32 个到现今已经达到 691 个。城市的建成区区域面积已从三万多平方公里扩大到十八万多平方公里，城市的快速扩张导致出现数量庞大的城中村。由于我国地域辽阔，加上改革开放的政策影响、城市化过程及规模差异大，城市化导致的城中村现象的外在表现也千差万别。通过综合多方面的资料，城中村可根据空间布局分为市区型城中村、近郊型城中村以及远郊型城中村。

1. 市区型城中村

此类城中村处于城市规划建设范围内，位于热闹繁荣的市区，几乎没有农业耕地和城市公共绿地。当地居民多从事第二、第三产业，尤其是第三产业，其主要收入依靠当地土地资源，基本不再从事农业劳动。城市基础设施不完备，人口流动大，居民素质相对较高，自我发展意识较强。除了物业出租，有些还组建了股份公司，利用集体资产进行其他行业的投资，商贸与金融中心影响着城中村的发展。例

---

① 吴良镛.北京旧城与菊儿胡同［M］.北京：中国建筑工业出版社，1994.

如，处在广州城市中心的石牌村、珠村等，其中石牌村旁边是广州CBD中心——太古汇、天环广场，步行几分钟就能到地铁口，其地理位置比较优越，人流量大；珠村位于广州中心区东部边缘，其南面的牌坊靠近BRT（快速公交系统），有多条公交路线经过，西侧不远处有东圃客运站与黄村地铁站，交通便利。深圳市内规模及人数最大的城中村——白石洲村位于南山区，紧邻深南大道、科技园和腾讯等高科技企业，交通十分发达。西安城市中心区的祭台村，身处城市的中心位置，有着优越的交通条件，村中的人员主要从事餐饮、娱乐等服务业以及批发、零售等商业活动。北京市的化石营村位于朝阳区，周边是北京最繁华地段，北京著名CBD地标建筑，如财富中心、环球金融中心和京广中心等与其相对而望，基础配套设施齐全，交通便利。

2. 近郊型城中村

此类城中村处于城市规划建设范围内，但位于城市边缘地区，其农业耕地和城市公共绿地都会有少许保留。居民从事产业以第二、第三产业为主，少部分人从事农业生产，大部分近郊型城中村的交通比较方便，因此吸引了大量工厂的建设，人口流动适中，居民素质相对较高，部分城市基础设施会零散地延伸过来，与村落周边结合。此外，近郊城中村的发展也会与周边高等院校和风景区的建设、传统特色文化、交通节点建设等因素息息相关。例如，武汉市汉阳区的十里铺村和龙阳村，其中十里铺村在武汉墨水湖风景区附近，周边高楼林立，基础设施完善；龙阳村位于龙阳湖风景区附近，周边商业繁荣，教育等配套设施较为完善，附近有较多中高档住宅区。这些村承接着城市的辐射功能，工业产值占全乡总数的60％以上，周边交通方便，附近有地铁站，因此经济发展相比其他行政村更快。北京市海淀区西山村、丰台区小井村等村落的地理位置在北京五环附近，有地铁经过，主要以第二产业为主，基础设施较为完善。陕西省西安市吉祥村位于雁塔区含光路南段，附近有西安美术学院、中高端住宅区、小寨商圈和高新商圈，交通便利，周边基础设施相对较为完善。这类近郊型的城中村总体上基础建设都比较完善，交通便利，周边业态较为丰富，村内人流量大。

3. 远郊型城中村

此类城中村处于城市规划建设范围以外，位于离城市较远的地带，需要靠政府和周边区域带动发展。居民从事产业以第二、第三产业为主，少部分人从事农业生产。城市基础设施较为落后，交通不方便，流动人口占少数，村落的发展对政府的依赖性较强。例如，处于武汉市汉阳区二环线以外、三环线以内的太山村、渔业村及丰收村，这些村第三产业发达，农用地中以种植蔬菜及发展养殖业为主，面向城市市场需求。北京市昌平区大东流村，周边有较多工厂，附近有公交经过，周边设施不完善。北京市通州区马驹桥城中村，周边有北京最大的工业区——北京经济技术开发区，京东总部、京东方、北京奔驰等大厂都在这里。前厂后村，周边还有地铁14号线，因而聚集了大量外来务工人员。远郊城中村普遍在城市市区的外围，该地区需要大量的劳动力，因此吸引很多从其他地区来城市寻找就业可能的务工人员，总体上来说远郊城中村呈现点状分布，基础设施不完善。

对比市区型、近郊型、远郊型三大类型的城中村，分析总结不同类型的城中村的特点，所得如表1.1.1所示。

城中村的空间布局分类表 表1.1.1

类别	市区型城中村	近郊型城中村	远郊型城中村
区位	处于城市规划建设范围内，位于城市热闹繁荣的区域	处于城市规划建设范围内，位于城市边缘的区域	处于城市规划建设范围以外，位于离城市较远的区域
影响因素	周边的商贸、金融中心等	周边的高等院校、风景区、交通节点等	周边区域，潜力需求
公共绿地	几乎没有	很少，有些没有	有一部分
居民所从事的产业	以第二、第三产业为主，土地资产为其主要收入来源，基本不再从事农业劳动	以第二、第三产业为主，少部分人从事农业生产	以第二、第三产业为主，少部分人从事农业生产
基础设施	城市基础设施可共享，但村内基础设备不完备	城市部分基础设施延伸至此，但村内自身建设落后	各类设施相对落后
居民特点	人口流动大，居民自我发展意识较强	人口流动适中，居民自我发展意识差距较大	流动人口占少数，居民自我发展意识不足，对政府依赖性较强
最大需求	功能转换，完善配套	改善环境，完善配套	政府扶持，产业升级

二、城中村现状分析

"城中有村，村中有城；村外现代化，村内脏乱差。"这句话对众多城中村的现象描写得淋漓尽致。这些城中村在建设时与城市经济、社会、空间的发展存在着矛盾，更是在城市规划的实施阶段，对城市环境建设、城市基础设施建设、城市土地利用与空间格局、城市经济社会发展带来负面影响。由于土地、户口登记、人口、行政管理等城市和农村的双重体系，它们实际上没有被纳入城市统一的规划、建设和管理之中。它们的发展是非常自发的，在生产方式、生活方式、建设景观及社区组织等各方面，更是保留着与城区明显不同的一些特征。

1. 用地形态特征存在差异

对比我国众多城中村的用地形态情况可以总结出四个特征：团状、带状、散状和环状。第一，团状用地形态。村落四周的边缘地带与村的中心距离大致相等，内部联系紧密，在平面上呈现出圆形、椭圆形、长方形等，大部分城中村属于这一类型，如西安市雁塔区甘家寨（图 1.1.1）。第二，带状用地形态。村庄房屋沿着河流或道路排列成带状，十分紧凑，如广州市海珠区鹭江村（图 1.1.2）。第三，散状用地形态。受到道路、水域等的分割，村落住宅零星分布为若干组团，组团间被非村落住宅用地所占，如武汉市汉阳区磨山村（图 1.1.3）。第四，环状用地形态。村落受山势、水体影响，沿池塘、山坡呈环状延伸，这种形态类型比较少见，如厦门市思明区曾厝垵（图 1.1.4）。

图 1.1.1　甘家寨用地形态图

图 1.1.2　鹭江村用地形态图

图 1.1.3　磨山村用地形态图

图 1.1.4　曾厝垵用地形态图

2. 规划落后，布局分散

我国大部分城中村的建设年代久远，建设中缺乏规划和管理，有的城中村做了详细的规划，但仅流于形式，最后得不到切实的执行。这对村镇建设的调整发展产生了影响。此外城中村房屋建设管理混乱且随意，存在违法用地、违法建设、违法拆迁等问题。随着建筑不断地增加扩建，形成了布局杂乱、密集，采光和通风都非常差的"一线天"和"握手楼"，城中村规划的落后也加大了其中基础设施建设的难度，导致了供电、通信、排水系统设计得不合理（图 1.1.5）。

图 1.1.5　城中村"握手楼"

3. 环境的日益恶劣

我国大部分城中村的现状还是"有新房子，没新村貌"，"现代的室内，又脏又乱的室外"，这使得城中村和现代中心城市发展的矛盾越来越深。在城市化进程中，村内并没有很好地紧跟现代化发展的步伐，这使得城市中环境卫生问题最显著、数量最多以及突出短板的问题多集中在这些城中村。

调查显示，这些城中村卫生管理落后主要表现在三个方面。第一，卫生管理的基础设施建设落后。这些村中存在着道路底层没有碾压或夯实，排水沟没有管网化，人均绿化面积只有几平方米，绿化覆盖率不达标。第二，卫生管理的机制滞后。管理人员的服务力度薄弱，管理人员基本上是兼职人员，兼而不管或管不到位的管理现象非常普遍。环卫工人承担的清扫区域严重超负荷。此外，制度不够完善，管理经费也不足。第三，政府的职能行动落后。各级政府在村内环境卫生管理的标准化、监督、检查、指导等方面都没有跟上。城中村的餐饮产业虽然比较繁荣，但是管理的人太少，容易发生混乱。另外，大多数城中村排水系统和下水系统较差，消防设施落后，如果发生火灾，甚至连消防车进村的路也没有（图 1.1.6）。

图 1.1.6　城中村普遍环境

4. 村内的多元化结构

一个城市的生命力源于多元化的发展。产业的多元化、就业的多元化、收入的多元化、消费习惯的多元化造就了城市的魅力。城中村的社会结构是多元化的，这里有外来打工者、小规模创业者、居民、商人等。城中村为外来低收入人口或者是刚参加就业的大学生提供了首个落脚之地，后来也慢慢地演变为低收入人群的生活区。由于这种低成本的空间优势，形成了廉价的生活供给关系，城中村有多种中小型商业服务，让这个密集的居住区拥有了繁荣的商业步行街道，居民的基本生活需求可以在这里得到解决，加上他们从事的职业、消费习惯的多元化，都为村内带来充沛的生命力，活化了周边的公共区域。在城中村的发展过程中维持这种多元并存的结构能够为我国城中村发展提供持续动力。

5. 城市历史记忆的承载

城中村作为城市化进程中的特殊现象，它们在快速发展的城市环境中保留了历史与现代交织的独特风貌，成为城市历史记忆的重要承载体。很多城中村内的老旧建筑和街巷布局往往保留了传统村落的结构和风貌，是城市发展历程的实物见证，反映了当地的传统建筑技术和生活习惯。在城中村内保留的较为紧密的宗族关系和邻里社群，以及形成的生活习惯、节日庆典、民间信仰等，都是城市历史文化的活态传承。

同时，有些城中村会有传统的手工艺、家庭式小作坊和本地特色的小商业，这些都是城市经济多元化和手工技艺传承的体现。不少城中村还保留着古树、池塘、风水格局等自然和人文景观，这些元素不仅美化了环境，也是村民共同记忆和情感寄托的所在。在发展中保留、传承这些城中村的传统文化和习俗、传统旧建筑，以及宗祠遗址等，将会给城市和居民们留下特定时代的历史记忆和无法衡量的社会价值。

三、城中村普遍存在的问题

城中村是城乡二元结构的遗留问题，制约着城市化进程和城乡一体化进程。许多位于城市中心地区的城中村，严重挤压城市空间，如广州市天河区内最大的城中村为石牌村，位于天河区中心商圈内，是当地居民和外来务工者的生活场所，但同时又因其"脏乱差"的低质量环境，与外部现代化的城市景观形成严重割裂，由于众多因素的阻碍，改造工作一直难以推进。另外，大多数城中村建设方式落后，在耕地被城市吞并后，村民开始转向"耕楼"，在未经规划审批的前提下在宅基地上自建住房或违章加建，导致城中村内建筑质量低，布局杂乱无章。

1. 城中村的公共空间状况

"公共空间是指一般社会成员均可自由进入并不受约束地进行正常活动的地方场所"[①]。公共空间提供公共资源供社会成员使用，社会成员在公共空间中进行正常的沟通、交流、运动等交往活动，停留时间多在半小时以内。由于城中村本地村民在"厚利驱动"下不断建造房屋，甚至违规建设，侵占农田，导致城中村内的公共空间受到极大的挤压，整体容积率急剧升高。在高容积率下，带来的是生活环境的狭窄与拥挤，甚至是公共空间功能的缺失。

室外公共空间的街道与巷子承载多种功能，情况复杂。大多城中村主干道较少，这些主干道主要位于城中村的边缘地区，它们是通车、行人的主要通道。除了主干道，大部分城中村内会分布 1 ～ 2 条街道，但临街店铺常将商品货架、遮阳伞

---

① 陈竹，叶珉. 什么是真正的公共空间？——西方城市公共空间理论与空间公共性的判定［J］. 国际城市规划，2009（3）：44.

等物品外溢至街道，导致原本并不宽敞的街道可通行的范围变得更加狭窄。而作为城中村内最常见的巷子，其现状则更不乐观，大多只能容纳 1 ～ 2 人通过，有的狭窄的巷子仅能容纳 1 人单行（图 1.1.7）。狭窄的通道常年没有采光，导致阴暗潮湿，仅作为城中村内居民鲜少停留的通行过道。

除了街道和巷子这类交通类公共空间，城中村还存在一些室外公共活动场所，但通过走访发现，大部分场所都存在严重不足、利用率低的情况。有些村内有公共活动场所，但大多没有良好的休闲娱乐设施和放松的环境，有的小型公园甚至仅供村内宗族群体使用。还有一些空地利用率低，面积较小，散落在村内各个区域，分布不均；且大部分被闲置，或者被作为放置垃圾、停车、晾晒衣物的场地，来补足村内居民所缺失的功能场所（图 1.1.8）。

图 1.1.7　城中村内不到 1m 的巷道　　　图 1.1.8　城中村闲置空地

2. 城中村的居住环境状况

居住环境差，建筑容积率高。整个区域的建筑密度非常高，现状容积率达到 2.1 ～ 3.2。容积率又称建筑面积毛密度，是指一个小区的地上总建筑面积与用地面积的比率。容积率越低，居民生活的舒适度越高。村民为了经济效应，在仅有的用地空间上不断加建和违建，使得整个区域的建筑十分密集、拥挤，导致建筑的采光、通风条件极差。

配套设施不足，安全隐患较多。区域配套设施不足，大多数城中村没有规划公共空地和绿地。在利益驱使下，村民在无规划和计划中建造了大量的建筑，整个区域以居住空间为主，大量的建筑群体构成了复杂纵横的区域肌理，整体呈现高密度、低质量的建筑形态。其中城中村的布局、道路系统、电路系统、排水系统混乱，居住拥挤等问题突出，在排水、消防、抗震、抗台风等防灾减灾方面存在重大隐患，同时由于布局杂乱，交通、出行十分不便并影响救灾应急，与城市基础设施建设极为不同步。

道路面积狭小，卫生状况差。当地商贩为了更好地创造经济效益，其霸占公共道路进行商业活动，而错综复杂的建筑肌理把整体道路拥堵得越变越窄。城中村的排水排污系统、垃圾处理等基础设施落后，整体的卫生环境极差，成为城市卫生死角，容易滋生公共卫生突发事件。

3. 城中村的经济状况

土地产权复杂、难拆迁、难协商。在1978年改革开放后，土地使用权下放，因此城中村的土地性质处在国有、集体土地并存的产权状况。现阶段的城中村土地产权主要分为两类：土地性质为集体所有；土地性质转为国有，但土地处置权在行政管理体制上仍然保留在原农村集体经济组织中。因此，城中村的土地大多用来建造房屋或厂房，原村民以收租或村集体分红为主要收入来源，整个村落的经济呈现出一种浓厚的寄生经济状态。

商业结构单一，产业质量较差。目前城中村最主要的经济为房屋租赁产业，其发展具有很大的自发性、盲目性，出现了"出租屋经济"的畸形发展。沿街的住宅底层作为商铺，主要产业结构为零售业和餐饮业，销售链单一。文化教育和公益性娱乐产业发展不起来，文化消费在城中村极少。

4. 城中村的社会状况

人口稠密，社区治安问题凸显。由于低廉的租房金额，成为大批外来务工人员首选的居住空间，多元文化与生活方式在此交流、冲突、融合，管理滞后使城中村成为城市社会治安问题的"重灾区"。城中村只是外来务工人员的一个落脚点，整个社区人口稠密，其居住人员职业成分相对复杂，高流动性造成外来人员对社区持淡漠的态度，对社区更加缺乏责任感和归属感。

缺少公共空间，城中村人员相互交流少。在城乡二元经济结构的影响下，原村民为了谋求保护和自身利益，从土地上获取最大利益成为城中村原村民的必然选择。土地和房产成为原村民主要的经济来源和财产，由此原村民在自己仅有的土地上进行扩建、违建、加建，造成整个空间可用面积越来越小，公共空间已成为城中村的稀缺空间。在缺乏公共空间的基础上，住户间相互交流几乎为零，整个社区充满着冷漠感，此情形可能导致城中村极易滋生犯罪事件。

第二节 我国城中村再生性改造动态

一、城中村改造相关理论研究综述

国内的研究者、学者对城中村现象进行了讨论，从多个角度探讨了城中村在发展过程中的问题，针对城中村的改造提出了改造模式与改善策略。

学者蓝宇蕴在考察报告中提出，城中村是中国城市化特有的现象，西方经典理论在阐述由乡村向城市转型的过程中，并没有涉及"亦城亦村"共同体组织的存在形态。她给了城中村一种崭新的概念——都市村社共同体，即以村庄为边界，建立在非农产业经济基础上，并依托其区域内文化、社会心理、经济、历史等资源进一步巩固起来的共同体组织[1]。

学者黎云等通过对广州车陂村空间形成与现状进行详细的分析，提出对于城中村空间整理的关键在于以公共空间为核心的观点，其体现在以公共空间为核心的村落肌理和地方文化传承上，是城市空间多样性的重要内容，使城中村成为城市空间的一部分[2]。

学者黄健文通过对城市公共空间各类要素进行分析，构建了旧城公共空间网络营造体系的研究模式，并结合案例对其理论进行系统的阐明，最终提出了旧城公共空间网络营造办法[3]。

学者姜岩分析西安市城中村的产生、发展、现状，探讨其改造模式，并提出城中村改造的设想，指出在国家新型城镇化的新背景下，应该重新思考并改进以往全盘推倒重建的整村拆除模式，在推动城市建设发展的同时，注重历史文脉和村落肌理的延续，保护城中村历史文化遗产[4]。

关于城中村最热点的研究便是城中村改造。城中村改造又分为"形态改造"和"制度改造"两方面的内容，本书将以城中村"形态改造"的策略与方法为研究重点。位于我国东南沿海城市的城中村，在 21 世纪初期经历过以"大拆、大改、大建"为主要特征的大规模改造，特别是广州市内城中村的大规模改造，造成了地域

---

① 蓝宇蕴. 都市村社共同体——有关农民城市化组织方式与生活方式的个案研究 [J]. 中国社会科学，2005（2）：11.
② 黎云，陈洋，李郇. 封闭与开放：城中村空间解析——以广州市车陂村为例 [J]. 城市问题，2007（7）：63-70.
③ 黄健文. 旧城改造中公共空间的整合与营造 [D]. 广州：华南理工大学，2011.
④ 姜岩. 西安市主城区城中村改造模式研究 [D]. 西安：西安建筑科技大学，2018.

文脉的破坏、村庄社会脉络的断裂及严重的资源浪费。随着这些城市问题的出现，城中村微改造方式也逐渐引起了学界的关注。不少学者从城市人文性与空间多样性的角度出发，讨论一种符合当前社会功能需求的、可持续发展的城中村微模式。国内相关学界对于城中村微改造的研究主要集中在城中村微改造的必要性、城中村微改造的理论依据、城中村微改造的策略三个方面。

其一，大部分学者对城中村微改造的必要性作了相关的讨论。张宇星提出，在城中村环境"脏、乱、差"的表象之下存在着丰富多样的日常生活、多样化的人群与千奇百怪的生活方式，具备丰厚的微改造基础。对深圳对待城中村以"拔钉子"的方式进行的大规模改造进行了深刻的批判，并提出旧城改造应该做到"延续生活的精髓和文脉、继承日常生活的面貌和神情、传递日常生活的声音和气息"[1]。

其二，在旧城保留与再利用的基础上，有一部分学者对城中村社区空间特征作了详细的类型学分析，探讨其影响人居环境质量的因素，并提出相对应的微改造对策。徐磊青在《广场的空间认知与满意度研究》中，通过问卷调查的方式，研究了人们在户外公共空间中步行与停留的关系，分析统计出影响公共空间活力的各项变量，包括公共空间尺寸、公共空间界面、景观质量、管理水平、总体气氛、视野宽阔和绿色空间等，为城中村社区内公共空间的微改造提供了可靠的理论依据[2]。

其三，还有一部分专家已经完成了城中村或旧城更新微改造的试点工程，如深圳城市设计促进中心的专家们开展的南头古城微改造设计，通过场地调研、公众咨询了解当地的历史文脉及居民需求，最后完成了补足城中村社区功能缺口的一系列设计，通过"小美架""城市书屋"等功能复合型街道装置的介入，满足城中村居民因户内空间不足而向街道溢出的生活需求，并重新唤醒了社区活力，促进了居民们的交流。

二、我国城中村改造的进程

随着我国城市化进程的加快，人们对城中村改造的认识从20世纪90年代的全面推倒重建到21世纪初的有效开发利用，再到近几年的功能重塑、存续发展三个时段变化，体现出了城中村改造从"物"到"人"的对象转变。本书主要从北京市、广州市、西安市三个城市的城中村改造发展历程进行分析。

---

① 张宇星，韩晶.沙井古墟新生——基于日常生活现场原真性价值的城市微更新［J］.建筑学报，2020（10）：49–57.
② 徐磊青.广场的空间认知与满意度研究［J］.同济大学学报（自然科学版），2006（2）：181–185.

1. 北京市城中村改造发展历程

为确保 2008 年北京奥运会顺利举行，北京市 2004 年开始对体育场馆周边四环以内部分城中村进行改造，通过"整治城中村"来加快城市中心区域的建设。2004 年《北京城市环境建设规划（2004—2008）》明确指出北京市必须持续处理有关城市环境的问题，并在同年的市长会议上提到："2008 年北京奥运会举办之前逐步改造奥运场馆周边 171 个城中村"。当时，北京城中村的更新方式主要是"推倒重建"。

2009 年，北京市逐步开始城中村各项改造建设，并在朝阳区大望井村和海淀区北坞村进行试点改造。由此，北京市城中村改造活动进入了一个全新的阶段，从 2010 年启动的 50 个重点城中村改造开始，北京市中心各城区都加大了城中村改造的力度，明确了年度城中村改造的目标，各项工作都有序推进。

到 2015 年，北京市进入城中村更新改造热潮，改造了一大批城中村。但 2015 年以后，城中村改造活动的步伐有所放缓，时至今日，丰台区和朝阳区仍有不少城中村。2016 年发布的《北京总体规划（2016—2035）》中要求，城市空间更新应从局部入手进行微更新，保护城市历史文化脉络。从此城市规划工作转向存量视角，开始关注存量土地的使用，城中村的改造方式也开始转变。

2019 年北京城市副中心的规划复审中明确要求控制常住人口规模，保护历史文脉和人文风采，不可以开展大型房地产开发项目，城中村大规模拆迁后进行房地产开发的可能性也从被侧面否定。

直至 2022 年 5 月，《北京市城市更新专项规划（北京市"十四五"时期城市更新规划）》正式印发。此规划指出，城市更新主要是指对城市建成区（规划基本实现地区）城市空间形态和城市功能的进一步完善和持续优化调整，严格控制大规模拆建和大规模增建，全方位守住安全底线，严格保护生态环境，是一种小规模、渐进式、可持续的更新。

2. 广州市城中村改造发展历程

广州市城中村改造的具体模式是"一村一策"，条件成熟一个就改造一个；改造的原则为"政府主导，村为主体，市场参与"。主要做法是将农村集体所有的村庄建设用地改变为国有建设用地，在此基础上分为全面改造模式和综合整治模式。政府负责统筹组织改造工作的推进，村集体经济组织负责具体推进本村"城中村"改造中的有关工作。广州市城中村改造大体可分为三个阶段。

第一阶段：政府强力主导阶段（2000～2010 年）

广州市的城中村改造始于 2000 年 9 月，市委、市政府召开全市村镇建设管理工作会议，开始部署改造工作。2002年5月，为了加快城中村改造步伐，制定了《关于"城中村"改制工作的若干意见》。在此时期，最具代表性的城中村改造为猎德村改造。其改造工程于2002年开始酝酿，2007年动工，是广州城中村改造项目中第一个率先实施整村改造的村子，作为改造的试验点，该试验点采取以政府为主导，以村为主公开出让融资，实施全面改造的模式。2008年为迎接广州亚运会，政府主导了"迎亚运整饰工程"，对城市风貌进行修整，其中包括旧城村落危房改造、街道建筑外围修缮和美化等。

第二阶段：三旧改造阶段（2009～2012年）

2009年广东省人民政府出台《关于推进"三旧"改造促进节约集约用地的若干意见》，广州市城中村改造进入新阶段。同时期广州市出台《关于加快推进"三旧"改造工作的意见》，在其附件2《关于广州市推进"城中村"（旧村）整治改造的实施意见》中提出，力争用10年时间基本完成全市在册的138条"城中村"的整治改造任务，其中52条全面改造的"城中村"力争用3年至5年的时间基本完成改造任务。在此期间，城市改造不再仅限于对居住和城市整体和谐风貌的形象追求，对"旧城镇、旧厂房、旧村居"的改造不再是大拆大建、利益优先，转变为从内部经营、文化内涵等多方面进行改造，为旧物业引入新内容。成片连片的建筑，以整体改造为主，如将旧厂房改造为创意园、置入文化产业等。

第三阶段："城市系统和谐更新"阶段（2015年至今）

2015年广州市成立了城市更新局，同年出台了《广州市城市更新办法》（2016年1月1日起施行），以及三个配套文件《广州市旧村庄更新实施办法》《广州市旧厂房更新实施办法》《广州市旧城镇更新实施办法》（简称"H3"政策）。针对以往三旧改造模式的弊端，如为了盘活土地存量进行大拆大建而缺乏统筹思考，对历史建筑或文化和城市肌理造成破坏，新一轮城市更新更加注重前期调研的基础数据以及更新改造总体方案的编制，开始探索"微改造"模式。如2015年"恩宁路永庆坊微改造项目"，在尊重当地历史街区格局的基础上，新旧融合激发商业活力，既能保留当地特色，也能带动当地经济增长。

3. 西安市城中村改造发展历程

西安市城中村的改造历程可以分为四个阶段。

第一阶段：试点改造（2002～2004年）

西安市于2002年启动城中村改造工作，2004年开始进行城中村试点改造。西安市从2002年开始实行"自我改造，自我发展，自筹资金"的"三自"政策，对城中村进行改造。改造初期，因为实行"一村一案"原则，在政策上并没有进行规范，于是出现了只新建不拆除的情况，而且因为改造过程中的资金问题，改造进度缓慢，整体效果并不理想，同时局部改造也给后续项目的推进和实施造成了一定的障碍。

第二阶段：起步探索（2005～2008年）

2005年，西安市城中村改造工作领导小组办公室成立，各区也都成立了城中村改造办公室，明确城中村改造的基本原则，积极推进城中村改造工作，并从中积累了一些改造经验。2007年，发布了《西安市城中村改造管理办法》，对城中村进行从点到面的全面整治。

第三阶段：快速发展（2009～2013年）

2009～2013年为城中村集中改造的高峰期。二环内57个城中村已经完成基本改造，另有100个城中村纳入改造计划，98个城中村完成回迁，安置面积1120万平方米。

第四阶段：调整方法（2014～2015年）

2014年未增加改造计划，城中村改造进程缓慢。2014年，西安市出台的《西安市棚户区改造管理办法》中将城中村全部纳入城市棚户区的概念范畴，对城中村与棚户区改造进行统一管理。截至2015年，全市已实施187个城中村的改造工作。

综上所述，我国城中村改造发展的历程，特别是在北京市、广州市、西安市三大城市的实践案例中，展现了一条从单纯物质空间改造向更加注重人文关怀和社会可持续性转变的道路。20世纪90年代至21世纪初，城中村改造多聚焦于物理形态的更新，如北京市借奥运会契机对城中村进行的大规模拆除重建，以及广州市早期政府主导的全面改造模式。进入21世纪的第二个十年，各地开始探索多样化改造策略，如广州市的"三旧改造"转向内部活化与文化保育，西安市也在这一时期经历了快速的城中村改造高峰期。

近年来，城中村改造理念进一步深化，更加注重功能重塑、文化留存与社区发展。北京市2016年开始强调城市空间的微更新与历史文化保护，广州市进入"城市系统和谐更新"阶段，推广"微改造"模式，而西安市亦在调整改造方法，尝试更为精细与综合的改造策略。这些转变标志着我国城中村改造已从简单的"物"的更新，转向更加关注"人"的需求和城市肌理的和谐发展，致力于在城市化进程中寻找历史记忆与现代生活的平衡点，促进社会公平与经济的可持续增长。

三、现阶段城中村改造的困惑

城中村改造已从政府主导下的大规模拆除重建向散点式、分步骤、多样化的改造方式转变，整体改造趋势从运动式改造向渐进式更新转变。在改造中仍有以下几点困惑：

1. 改造后能否提高当地经济效益，增加原村民的收入

微改造虽然能够极大程度地保留当地特色，但改造力度较小，无法从整体上提升社区的基础设施，如果改造后的预期经济效益未有较大的提升，那么原村民还会不会主动配合改造？如果原村民不配合改造，则会导致改造项目难以推动。

2. 改造后对村民生活影响程度大小

城中村改造往往是市场、政府、村集体及村民三种力量相互商讨对策的结果，不仅依靠政府、市场的力量，更应重视原村民的改造意见。城中村的微改造项目从以往单一开发建设主体的"重建回迁"转变为多元主体的"共建共享、共治共管"。在微改造中，从保护原村民的利益出发，一般不会大量拆除原有建筑，所以在整体建筑改造上，没有形成质的飞跃，未较大程度地改善村民住房条件，如采光、通风、道路等。怎样的微改造才能改善当地城中村居民的整体环境？改造后，村民去使用改造实物的状况又如何？微改造能否起到以点带面的作用，满足社区交流、活动等需求。

3. 转为以村为主导，能否承担起改造费用

微改造项目中，政府不再像整体改造项目那样进行大力的资金支持，也不允许房地产公司进行开发。其改造模式主要是政府出台优惠和扶持政策，进行政策引导，以村集体和村民为主体，由村集体和村民出资进行改造。而村集体要多方考虑经济效益，往往因为各种利益的差异，或许最终会导致改造计划搁置。

4. 相关政策法规不健全，改造过程中关于局部拆迁牵扯的产权问题复杂

在微改造过程中，如遇必须拆除某些建筑作为道路用地，被拆除建筑业主的利益可能得不到保障，也可能因为拆迁获得更大的红利。在利益冲突下，其他村民可能无法理解为什么要拆除他人使用权的建筑，而不是自己使用权的建筑。

5. 在饱和空间置入微改造项目的局限性

整个城中村空间已经是非常饱和的状态，整片区域开发强度大，容积率高，已无空地可以缓冲，在城中村进行再建已无可能，只能通过旧建筑改造、道路修整、拆除部分违法加建的部分来实现微改造，提升居住环境的舒适度。

6. 与城市景观相匹配度不够

微改造后的城中村，在整体环境上虽有所改变，但性质仍然是城中村，与城市整体景观还存在一定的差距，但改造后的景观在一定程度上美化了城市空间单元。

7. 公众对城中村建筑再利用的观念淡薄

城市更新中，面临的不仅是新建建筑，更多是怎么将城中村的建筑最大化再利用。在广州猎德村改造中，公众认为征地赔款能够使自己利益最大化。而城中村改造工程量大，周期长，盈利性未知，所以村民对于建筑更新改造的意愿较差。

小　结

基于以上的分析，我们不难发现进入存量发展时期的城中村的改造应朝综合、科学、可持续的方向发展。改造既要促进城市发展，改善城中村生活环境，激发城中村各方面潜力，同时也要保护城中村所蕴藏的地域文化、布局肌理、社区情感等内容。为探索出上述良好的改造方式，本书分别从图底关系理论、环境行为理论、有机更新理念、共生理论和文化传承几方面探索适合如今的城中村再生性改造方式，并以设计实践作为检验方法，最后从城中村的文化传承角度，思考现阶段城中村的再生性改造对于城市更新历史文脉延续的积极作用。

第二章

基于图底关系理论的城中村
公共空间再生性改造研究

探索城中村公共空间的再生性改造不仅关乎提升居民生活质量，更是实现城市可持续发展、文化传承与创新的重要途径。图底关系理论，作为建筑设计与城市规划领域的重要概念，强调空间构成中的"图"（突出的、积极的空间形态）与"底"（背景、消极的空间支持）之间的相互作用与平衡。该理论的应用，有助于清晰识别城中村中杂乱无章的空间结构，通过重新组织"图"与"底"的关系，优化公共空间布局，激发空间活力，同时保留并强化地域特色与文化认同感。通过实地调研、案例分析与理论探讨相结合的方法，首先解析城中村公共空间现状的问题与挑战，随后详细阐述图底关系理论的核心原理及其在设计实践中的具体应用策略，包括但不限于空间界定、视觉引导、功能植入与社区参与等方面。此外，研究还聚焦于如何通过设计手段促进社会融合、增强生态可持续性，并探讨在实施过程中可能遇到的障碍及对策，以期为城中村公共空间的再生设计提供一套系统性、可操作的框架，为构建更加宜居、和谐且富有活力的城市空间环境提供理论指导与实践参考。

第一节　图底关系相关理论与运用

城市化高速发展的节奏下，给我们带来了日益提升的物质生活水平与新时代的生活方式，同时在此背景下也产生了独特的产物——城中村。如北京、广州、深圳、西安等大城市中都存在一定数量的城中村。其中一些城中村地理位置优越，拥有许多便民服务，较低的生活成本让它们成为许多外来务工人员初来该城市的落脚点。但其尺度小、密度大、无合理规划、见缝插针的建造方式造成城中村这个"大型社区"缺失了作为社区应该提供的公共空间功能，在社区的居民并没有体会到城市生活的舒适，相反大量人口在城中村聚集，滋生了很多安全隐患，许多城中村处在优越的地理位置也并未发挥与其相符的土地价值，对这些城中村的改造也成为城市发展道路上必须要考虑的事项。

图底关系理论已经非常成熟，但运用该理论指导城中村改造的研究依然屈指可数。本章将在图底关系理论的指导下，选取具有代表性的广州市城中村进行深入研究，剖析城中村公共空间问题，得出设计方案，为未来的城中村公共空间改造提供具有参考价值的改造方向和改造方案。

一、图底关系理论基础

图底关系理论最早来源于格式塔心理学（Gestalt Psychology），格式塔心理学是由 M. 韦特海默（M.Wertheimer）、考夫卡（Kurt Koffka）和苛勒（Wolfgang Kohler）于 1912 年在德国创立。"其基本含义指物体的形式、形状，一般将它直译为'格式塔心理学'或意译为'完形心理学'，其研究的出发点是'形'"[①]。"格式塔心理学把人的知觉看作一个整体性的抽象过程。它一方面保持着图形的整体结构，另一方面还要对原型进行简化，它的图底关系的原则实际上已包括了在整体的抽象中去寻求变化的含义。客观对象必然区分为'图形'与'背景'，图形是被感知的中心，而背景只是对图形的陪衬"[②]。体现格式塔心理学理论最佳的代表则是由丹麦心理学家埃德加·鲁宾（Edgar Rubin）所提出的"鲁宾杯"。在图 2.1.1 中我们可以发现，当我们将黑色部分（即人物轮廓）视作图形时，白色部分（即杯子）就成了背景；反之，将白色部分视作图形时，而黑色部分则形成了背景。由此可以清晰感知图与底的关系，也表明在感知客观对象时"图形"与"背景"的相互转换，彼此之间互为图底。

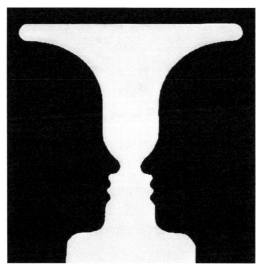

图 2.1.1 鲁宾杯图形

鲁宾杯体现了人们在观察客观物体时，对物体的认知取决于观察者看待的角

---

① 张慧玉 . 格式塔心理学对形的探讨［J］. 理论界，2005（7）：137.
② 雷莹 . 格式塔心理学在景观中的应用［J］. 装饰，2004（9）：42–43.

度，根据不同的观察角度而产生不同的图形意义，即双重意象（Double Image）。同时也表明在客观物体中，共用同一条轮廓的物体之间，无法同时作为图形与背景，它们是互为主次、互为图底的相对关系，形成了图底关系的基本概念。

二、图与底之间的辩证关系法则

在图底关系理论中，"图"与"底"的关系又是如何？谁是"图"，谁是"底"？丹麦心理学家埃德加·鲁宾曾提出影响"图"与"底"形成的三个法则。

法则一：封闭的面都容易被视作"图"，而相对于这个封闭的面的另一个无限延伸的面总被看成是"基底"。阿恩海姆在《艺术与视知觉》中将其概括为："图形与基底之间的关系，就是指一个封闭的式样与另一个和它同质的非封闭背景之间的关系[①]"（图 2.1.2）。

图 2.1.2 法则一：图形与基底之间的关系

法则二：面积较小的面总是被视作"图"，而面积较大的总是被视作"底"。如图 2.1.3 所示，a 与 b 表明当图中黑色面积小于白色时，黑色部分更易被视为图；c 表明面积相同时，黑白图形互为图底，形成良好的图底关系；d 与 e 表明当白色面积小于黑色时，白色部分更易被视为图，因此面积小的内容更容易被视作图形。

---

① 阿恩海姆. 艺术与视知觉［M］. 滕守尧，译. 成都：四川人民出版社，1998：235.

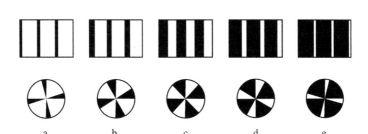

图 2.1.3 法则二：面积大小变化对图底关系的影响

法则三：在两个相互分开的横向区域，处在下方的那一个更容易倾向于成为图，就好比树木、高塔、人物等容易被视作天空下、墙壁前的图。这在视知觉原理当中所体现的"画面的下部分总是会携带更多重量"的原理相符，人的视觉思维习惯倾向于中间部分与中间偏下部分。如图 2.1.4 所示，在画面中两个面积相似的图案样式，处在画面下方的图案容易被视作图形，与颜色的影响无关，这是由人的视觉心理而形成的感觉。

通过上述分析可以得出，图底关系理论中"图"与"底"的关系是辩证的，在视觉中影响"图"与"底"形成的因素包括：图形要素是否封闭、面积大小与所处位置。在法则二中当"图"与"底"体量相似时，则互为图底，形成良好的图底关系。可以相互反转的现象是"图"与"底"相互依存的理想状态。

图示（1）　　　　　　　　　　　　　图示（2）

图 2.1.4 法则三：画面的上下部分对图底关系的影响

在城市建筑领域当中，詹巴蒂斯塔·诺利在 1748 年分析罗马城市布局时，将罗马的建筑实体绘制成黑色，街道、广场、空地等绘制成白色，形成最早的城市布局黑白图底关系图，如图 2.1.5 所示。罗杰·特兰西克（Roger Trancik）提出"图底是说明建筑实体（即图）——空间虚体（即底）之间关系的一种绘图表现工具，以抽象的二度平面观点说明都市空间的结构与秩序"，强调空间中实体与虚体之间的平衡关系[1]。之后阿兰·B.雅各布斯的《伟大的街道》中也将建筑实体用黑色表

① 特兰西克.找寻失落的空间：城市设计的理论［M］.谢庆达，译.北京：中国建筑工业出版社，2008.

示，意作为"图"；将空间虚体用白色表示，意作为"底"。这样的图底关系表达形式一直影响至今。

因此，本书也同样使用上述方式，即"黑—实—图，白—虚—底"的表达形式来进行分析与研究，并在分析过程中结合分析需要进行黑白反转，形成对比分析。

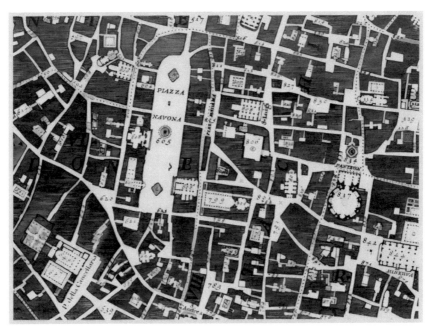

图2.1.5　诺利绘制的城市布局关系图局部（纳沃纳广场、万神庙一带）[1]

三、图底关系理论的运用

1. 图底关系理论在城市规划与建筑设计领域的引入

著名的心理学代表人物鲁道夫·阿恩海姆（Rudolf Arnheim）在格式塔心理学的基础之上研究出视知觉设计理念，并将视知觉理念运用于各个艺术领域。他曾在《建筑形式的视觉动力》一书中把视知觉相关理念引入建筑领域，讨论建筑中"实体"与"虚体"之间的关系在空间中的相互作用[2]。由此，图底关系成为分析建筑空间良好的理论之一，被广泛运用在城市规划与建筑设计的分析研究之中，产生了许多深刻的影响。S.E. 拉斯姆森在《建筑体验》中用格式塔原理分析了建筑与空间

① 李梦然，冯江. 诺利地图及其方法价值［J］. 新建筑，2017（4）：13.
② 阿恩海姆. 建筑形式的视觉动力［M］. 宁海林，译. 北京：中国建筑工业出版社，2006：47-56.

的关系[1]。罗杰·特兰西克在《找寻失落的空间：城市设计理论》中也将图底关系作为分析空间结构与秩序的表现工具。[2] 如今采用图底关系分析城市规划与建筑设计已是较为成熟的分析方式，它可以将分析对象抽象化，将三维的空间与客观物体的干扰元素剔除，使其扁平化，分析最本质的城市空间关系，从而有助于在设计过程中把握空间结构，进行调整与规划设计。

2. 图底关系理论在城市规划中的运用

在城市规划当中使用图底关系进行分析的方式已经屡见不鲜，通过图底关系可以清晰地分析城市的肌理特点、结构关系、道路疏密、空间规模等信息。因此，国内外都善用图底关系理论分析城市规划中的空间布局、整体走向、建设改造等。如国内在对历史街区进行保护与改造时，常使用图底关系来分析改造项目建筑与街道之间的比例关系、项目片区之间的空间肌理与建筑群体特点、项目公共空间的整体分布等，从而统筹整个改造的过程，以把握全局效果（图2.1.6、图2.1.7）。改造后通过对比原始图底关系，从中总结经验。

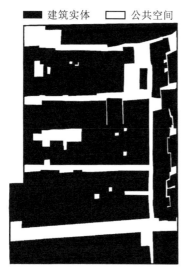 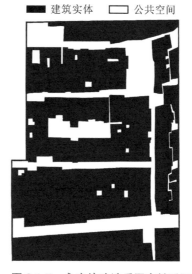

图 2.1.6　永庆坊改造前图底关系图　　图 2.1.7　永庆坊改造后图底关系图

3. 图底关系理论在建筑设计中的运用

图底关系运用在建筑设计当中主要是分析建筑的体块、界面、层次感、立面视

① 拉斯姆森.建筑体验［M］.刘亚芬，译.北京：知识产权出版社，2003：36.
② 特兰西克.找寻失落的空间：城市设计的理论［M］.谢庆达，译.北京：中国建筑工业出版社，2008.

觉感受以及单个建筑与周边环境关系等方面，结合图底关系中的视知觉理论，采用抽象的分析方式，调整建筑设计的各个方面，以使建筑呈现出良好的空间关系，起到视觉引导的作用。

浙江大学的崔赫将图底关系理论引入建筑立面的分析当中，从建筑立面的图底面积、颜色深浅、视觉深度、层级对比等方面对建筑的立面设计进行深入分析，得出不同构成因素的变化给人带来不同的视知觉感受结论，为建筑设计实践提供了良好的理论参考[①]，如图2.1.8所示。如今许多建筑设计都更加注重立面的秩序性、连续性与整体性，强调立面所带来的视知觉感受。

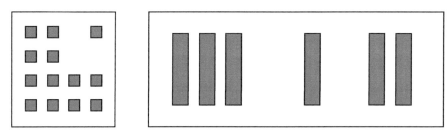

图 2.1.8　图底关系理论在建筑立面分析中的运用

第二节　基于图底关系理论的城中村公共空间再生性改造策略

城中村公共空间整合是以系统化的思维调整城中村公共空间，将其进行合理有序的组织，使城中村公共空间更符合当下居民的生活方式与需求，提升城中村公共空间的秩序性与人性化，完善城中村公共空间功能，以达到整体提升人居环境与生活质量的目的。

一、图底关系理论下城中村公共空间整合分析

1. 基地概况分析

首先，分析城中村的地理位置，辨别其村内范围，确定研究主体范围。对周边配套及常住人口数量进行调研，得出周边配套辐射范围，并分析其地理优越度。其次，对城中村周边交通及村内交通进行分析，周边交通的便捷度很大程度上影响村

① 崔赫.基于视知觉图底关系的建筑外立面形式构成研究［D］.杭州：浙江大学，2011.

内人口数量，交通便捷的城中村，外来人口数量多；有些城中村内的主干交通只有一条或两条，村内交通拥挤，甚至有许多断头路，村内人车混行，交通安全隐患大。最后，对村内建筑及公共空间进行分析，大部分公共空间功能与环境较差，存在村内生态失衡、绿化稀少且集中等问题。

2. 图底关系分析

依据谷歌卫星地图与实际调研，绘制城中村的图底关系图，黑色为图，即建筑实体；白色为底，即对外开放的公共空间；此外也需要找出村内的室外封闭空间，可以在图中用红色线框标明。将图底关系进行反转，若无法形成良好的图底关系，即黑白无法反转，则说明城中村公共空间被严重"压榨"。另外，街巷空间不合理，道路宽高比约等于1的较为舒适，一级道路和其余道路的宽高比大多都低于0.25，道路宽高比例过低是在城中村行走感到狭窄、昏暗的主要原因。通过图底关系也可以发现，城中村内的公共空间分布不均，且到达各公共空间并没有良好的交通道路与指引，难以满足众多居民对公共空间的需求。利用图底关系分析城中村各个公共空间的辐射范围与人口，可发现公共空间的辐射范围小，对外开放的公共空间能够辐射的范围非常有限。

3. 公共空间调整

城中村公共空间图底关系图显示，大部分城中村的公共空间呈现出数量不足、分布不均、辐射范围小、街巷空间不合理等问题。通过调研，发现大部分城中村中存在许多违建建筑、废弃建筑、破旧祠堂、封闭性空地等。在城中村公共空间如此紧缺的情况下，可针对不同类型的空间提出对应的改善方式，主要以修缮、改造与开放为主。

4. 公共空间整体规划

调整后的城中村公共空间图底关系图，以辐射范围为标准，将城中村的公共空间进行分类规划，分为主空间节点、次空间节点、街角空间、街巷空间四大类型，并进行改造。

一般来说，主空间节点是整个村内主要的空间节点，能够影响整个城中村的整体基调和发展走向，将主空间节点改造成为城中村内影响最大、最具有活力的公共空间，联结主空间节点规划，可形成轴线，呈现城中村内主次分明的秩序感，也为后续的公共空间改造奠定了基调。

次空间节点的定位主要是小型公共空间与精神寄托场所，它们类似于点缀作用的"小剧场"，让城中村公共空间内容更为丰富，也像一个个空间小品，在小范围内这些次空间节点与主空间节点相结合，起到激活周边区域的作用，使城中村公共空间更加多样化。

街角空间主要是一些建筑与街道围合起来的碎片空地，它们残余在城中村的各个角落，犹如城中村的一些"边角料"。虽然这些空间面积小，辐射范围短，但城中村内有许多的街角空间，能够满足居民简单的生活需求，只要将其合理整合，就能使这些街角空间具有化零为整的作用。

街巷空间主要是城中村内的街道与巷子，广泛分布并连接着各个公共生活区域，它们起到串联起整个城中村公共空间节点的作用。但这些街道与巷子普遍存在狭窄、主通道稀缺及功能单一的问题，因此，人们在此类空间的停留时间较短，大部分仅作为通行使用。对街巷空间进行设计提升，可以大大地提升居民日常出行的幸福感。

5. 公共空间交通脉络规划

良好的交通路线是城中村公共空间充满活力的重要基础，可通过图底关系去制定城中村各个公共空间的交通路线。在城中村的公共空间再生设计中，对交通脉络的规划至关重要，它是激活空间活力、促进社区内外交流的关键。良好的交通规划不仅仅关注于物理上的连通性，更在于如何通过精心设计的路线网络，增强空间的可达性、安全性和舒适度，从而引导人流，激发公共空间的潜力。将一些良好的街巷相连接，规划适宜的步行距离即可到达各个主空间节点的路线，这些路线即城中村最佳交通脉络。

二、图底关系理论下城中村公共空间再生性改造策略

公共空间作为"城市客厅"，不但能提升居民活动范围、丰富娱乐生活，也能够形成交流场所，聚合一个城市和当地居民的"精气神"。广州市城中村公共空间所存在的空间数量稀少、功能缺失、利用率低、碎片化等问题是广州市城中村公共空间无法发挥其"城市客厅"作用的主要障碍。结合广州市城中村公共空间现存问题，试提出以下几点整合方法。

1. 梳理图底关系

图底关系的作用是从宏观的角度把握整个城中村的整合规划，直观地了解整个城中村的交通系统、公共空间特征；掌握建筑实体与公共空间之间的比例，有效分析出城中村公共空间整体与局部的问题。

梳理图底关系前需要对城中村的地理区位、周边环境、交通状况、基础设施、历史文脉、居住人群、公共空间现状、政策导向等各方面进行剖析，从宏观到微观，详细掌握城中村各项资料，才能在后期整合与改造时有的放矢。

在梳理图底关系时需要借助信息技术绘制图底关系图，再结合实际调研进行调整，最终得出城中村公共空间图底关系图。通过图底关系图梳理出城中村公共空间的形态特点、分布情况、整体占比面积、辐射范围与辐射人口，为后续整合与改造打下理论基础和铺垫。

2. 调节空间分布

依据城中村的图底关系现状，规划调整城中村公共空间的具体分布位置与辐射范围。合理规划城中村公共空间的分布，避免公共空间过于集中，结合客观实际增加公共空间的数量。在没有公共空间的"沙漠"区域，通过丰富街巷空间功能、拆除违建建筑、整理废弃空地、开放废旧祠堂与寺庙等方式来补足公共空间的缺失。用地条件宽裕的城中村可形成每个区域中以大公共空间为主、小公共空间为辅的公共空间系统；用地条件有限的城中村则可以摆脱规模化的观念，通过增加小型公共空间的数量，从整体上增加公共空间的密度，最终形成较好的辐射范围，满足城中村不同区域对公共空间的需求，形成多元化特色的公共空间。

（1）规划空间节点，打造宜人空间

空间节点是增加居民对社区的记忆与辨别度的重要条件。首先，将城中村图底关系与客观实际相结合，对城中村公共空间分类整合、形成节点、串联成线。分析城中村公共空间的面积、位置、周边环境等各方面情况，对这些公共空间抽取出主要节点与次要节点，使节点与节点之间相互联系、相互影响，令整个城中村公共空间具有秩序感和节奏感。其次，可以结合城中村特色与整体规划基调设定公共空间节点主题，通过不同区域的公共空间节点设计，激发城中村活力，丰富城中村公共空间趣味。

设计好节点后，更重要的是将空间进行合理打造。空间的宜人性离不开良好的功能、优美的环境、心灵的慰藉这三大条件。城中村内"有场地无功能"的公共空间比比皆是。在营造宜人空间时，首先是给公共空间置入功能。功能需要多角度考虑，如地理位置、人群、行为模式、文脉特色等，保障尺度适宜、功能丰富，公共空间才具备一定的吸引力。其次是营造宜人的环境。在城中村，居民们对于美丽宜人的公共空间环境的向往更加强烈。在功能置入的基础上，也要多丰富空间的景色设计、造型动态、色彩运用、材质肌理，才能够让居民驻足停留。最后需要考虑到居民的精神需求，保留城中村人文与历史的可持续性，留下村民的记忆点与精神寄托，在预留聚集性场地时也要增加小尺寸空间，提升公共空间的人情味。

（2）疏通空间脉络，营造舒适街道

空间脉络是影响公共空间可达性与使用率的重要基础条件，良好畅通的公共空间脉络能够唤起居民前往公共空间的意愿。大部分城中村存在车行系统与人行系统混乱、交通不畅等街巷矛盾。因此需要通过分析图底关系并结合实际情况，合理规划城中村空间脉络，进行人车分流，疏通街巷，配备相应配套设施，提升基础设施的质量，为城中村公共空间打下良好交通基础。此外，以"最小拆迁量"为理念，制定良好的交通路线，将城中村的街巷矛盾进行疏通和调整，有计划地增加交通要道，将各个公共空间节点串联，形成公共空间交通系统，增强公共空间的联系与可达性。

空间脉络形成后，还需要增强街道的活力。街道承载着居民对于社区最深切的感受。"在街道中，人们会有穿越行为、出行/抵达行为、幸福行为、自由行为、停顿行为，完美承载着以上行为的街道，必定是充满活力的街道，如果街道是乏味且拥挤的，那社区也会是乏味且拥挤的"[①]。因此在城中村整合过程中，需要尽可能地调整街道的宽高比与立面的整洁度，营造舒适的街巷空间。依据相关规定，将城中村内自建房楼顶的违建设施整改或拆除以降低街道立面高度；整顿街道两侧摊位与生活设施外溢现象以增加街道宽度；增加街道两侧公共设施的复合功能以丰富街道的功能性等。

第三节　基于图底关系理论的城中村公共空间再生性改造设计实践

一、图底关系理论下广州棠下村公共空间整合

1.基地概况分析

区位分析：棠下村位于广州市天河区，东临大片北路、北靠常德南路、西至科韵路。棠下村街辖面积为 4 km²，常住人口达到 2.47 万余人，人口密度达到每平方千米 6175 人。棠下村周边辐射范围内的学校有：广东技术师范大学、广东邮电职业技术学院、华南师范大学等，且附近有天河软件园、广州国际金融城以及许多工业园区、写字楼与科贸创意园，所在片区聚集着大量人才。

交通分析：周边有多条公交车路线与 BRT 路线途经棠下村，地铁站"棠下站"正在建设当中，交通十分便利。棠下村目前已经进行了交通整顿，划分人车通行区域，村内主要是步行与非机动车通行，机动车仅能够在村子外环交通干道行驶，因

---

① 伍学进.城市社区公共空间宜居性研究［M］.北京：科学出版社，2013：87.

此人车混乱的情况有所减少。

基础配套：据统计，以棠下中心花园为圆心，半径 500 m 内中小学共 5 所，幼儿园 5 所，医院与卫生服务中心 5 所，商业综合体与购物中心 4 处，停车场多处，基本可以满足棠下村内居民的教育、医疗和日常生活需求。

由于棠下村面积较大，并分为棠东、上社等区域，为明确研究主体，本次研究的范围主要为棠下村内密度最大的部分区域，具体各项分析如表 2.3.1 所示。

棠下村研究范围各项分析 表 2.3.1

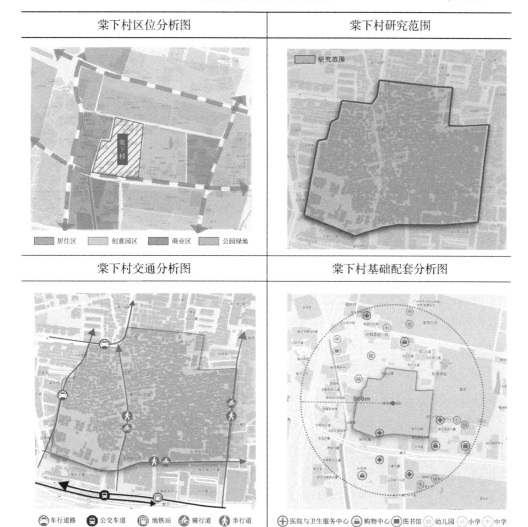

通过表 2.3.1，不难发现，整个棠下村的周边交通和基础配套是较为便利的，基本能满足整个村内居民的需求，但将范围划分到本次重点研究的区域，就明显呈

现交通和配套不足的问题。通过走访调研发现，生活在本区域的棠下村本地村民较少，居住人群以外籍户口为主，大多为外来务工人员，如周边的科技公司和创业园的员工、刚毕业的高校学生等。居民在区域内的活动内容比较有限，大多都以居家为主，部分中老年居民会在一些空地聚集打牌休闲，具体的人群分析见图 2.3.1。

少儿群体：占比较少，研究区域范围内并无配套小学与幼儿园，也基本没有适合该群体的休闲娱乐空间。他们大多在棠下村内或者隔壁棠东村内的小学及幼儿园上学，放学后返回生活区域	青年人群：主要为周边刚毕业的高校学生、公司员工、外来务工青年，多在20～30岁，出行时间多为上下班、上下学时间，很少在城中村内进行休闲活动或长时间停留	中年人群：多为村内工作者，主要从事个体经营、搬家维修、二手房东等工作内容，常聚集在村子主干道空地寻找顾客，休闲以看手机、打牌为主	老年人群：一部分为本地居民，一部分为外来务工人员家属。本地人多集中在棠下中心花园、祠堂等地休闲、打牌、带孩子。外来人口则更多呆在家中，或在城中村内与村周边散步

图 2.3.1　棠下村人群分析

村内现状：棠下村与广州的许多城中村一样，存在"握手楼"、房屋拥挤、人群聚集等问题。但棠下村整顿改造倾向明显，目前对主干道与两侧沿街店铺进行整顿与改造，增设了垃圾站点、公共厕所、小型公园等便民设施与场所。虽有改善，但从整体而言，其改造力度还远远不够。棠下村大部分区域依旧存在基础设施不完善的问题，如：垃圾分类站点不足，仅在一些主干道才有分布；电线管道混乱、道路照明不足等问题较为常见；公共空间严重不足，大部分公共空间功能与环境较差，存在村内生态失衡、绿化稀少且集中等问题（表 2.3.2）。

文脉特色：早在南宋时期，"棠下"这个名字就已存在，也被称作"棠溪"。目前棠下村的历史文化主要体现在一些祠堂和寺庙上，村内有祠堂 9 处，寺庙 2 处，其他历史建筑 2 处，其中一处为毛主席视察棠下纪念馆，具体见表 2.3.3。当年，棠下村作为广州东郊部农村合作社运动的重点示范地，其农业生产合作社旧址由两座公祠（湛川钟公祠、龙葵钟公祠）组成，1958 年毛主席视察了棠下合作社，此后，会址即辟为毛主席视察棠下纪念馆。如今棠下村主干道在整改过后与村内的历史建筑和谐统一，棠下村的劳动精神、爱国情怀成为棠下村的特色。

棠下村现状分析　　　　　　　　　　　　表 2.3.2

棠下村内巷子	棠下村局部	已改造的口袋公园

棠下村历史建筑统计　　　　　　　　　　表 2.3.3

类型	数量	名称
祠堂	9	石亭潘公祠、应章钟公祠、兰溪潘公祠、礼长钟公祠、龙葵钟公祠、和政钟公祠、慕隐潘公祠、文宣钟公祠、长馨祖祠
寺庙	2	福善庙、华帝庙
其他历史建筑	2	毛主席视察棠下纪念馆、甘棠书屋

政策导向：2021 年 8 月 18 日，《广州市住房发展"十四五"规划》（以下简称《规划》）正式发布，《规划》强调天河区要多渠道增加住房供应，新增住房主要布局在天河智慧城和天河智谷片区，以及冼村、新塘、新合、员村、吉山、棠下和车陂等城中村改造区域。天河区人民政府也明确在"十四五"期间，天河区将开展城市更新行动，推进 16 个旧村改造、30 个旧厂改造以及 41 个老旧小区微改造，高强度补齐交通、教育、医疗、文化、体育、养老等公共服务设施短板[①]。棠下村目前已经实施过一轮改造，修缮了主要干道，整改了沿街店铺形象，改造了棠下中心花园，村民改造意愿强，整体改造趋势明显。结合上述政策与实际改造进度，棠下村积极响应政策规划，大力推进整体改造进程。

2. 图底关系分析

棠下村是典型的市区型城中村，它的整体特点与前文所提及的广州城中村的整体状况相似。依据谷歌卫星地图与实际调研，分析了棠下村图底关系（表 2.3.4），黑色为图，即建筑实体；白色为底，即对外开放的公共空间；此外调研时发现棠下村内有两处较大的室外封闭空间，也在图中标明。根据棠下村图底关系的分析，

---

① 郭苏莹.天河"十四五"规划描绘高质量发展新蓝图［N］.南方日报,2021-03-09（GC02）.

得出以下总结。

棠下村图底关系分析	表 2.3.4

棠下村图底关系图	棠下村图底关系反转图
	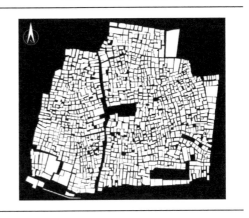

（1）棠下村图底关系比例严重失衡。经计算，整个棠下村公共空间占比仅为22%（图2.3.2）。将其图底关系图进行黑白反转，无法形成良好的图底关系，即黑白无法反转，说明棠下村公共空间被严重"压榨"。

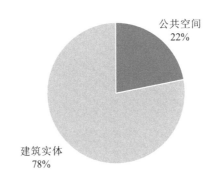

图 2.3.2 棠下村公共空间与建筑实体的占比

（2）街巷空间不合理。如图2.3.3所示，棠下村内一级道路主要围绕村外环，仅有一条一级道路穿越村内，将棠下村分为两部分；余下的道路以巷子为主，这些巷子就像人体的血管连通至各个实体空间。

（3）通过实际调研，大部分巷子宽度大多在1.5～2m，而两侧的建筑却高达15～20m，仅有部分一级道路的道路宽高比属于较为舒适的区间，余下道路的宽高比大多低于0.25，道路宽高比例过低是在城中村行走感到狭窄昏暗的主要原因，其街巷宽高比如表2.3.5所示。

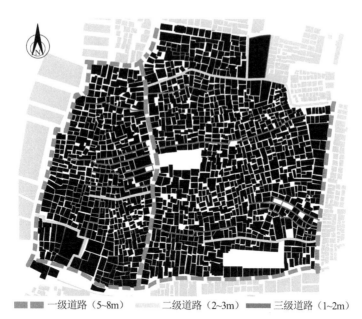

■■■ 一级道路（5~8m） ■■■ 二级道路（2~3m） ━━━ 三级道路（1~2m）

图 2.3.3 棠下村街巷分布图

棠下村部分街巷宽高比值 表 2.3.5

序号	街巷名称	街巷类型	街巷平均宽度（D）	街巷平均高度（H）	街巷宽高比值（D/H）
1	棠下南边大街	一级道路	2.8m	20m	0.14
2	棠下达善大街	一级道路	4.6m	19m	0.24
3	街源大街	一级道路	6.2m	17.5m	0.35
4	棠下大片北路	一级道路	9.27m	18m	0.52
5	棠下大片路	一级道路	7.69m	14.8m	0.52
6	棠下新日里	二级道路	1.9m	16m	0.12
7	棠下拥睦里	二级道路	1.7m	13m	0.13
8	棠下塘尾里	二级道路	2.4m	16m	0.15
9	棠下拱北大街	二级道路	2.2m	18m	0.12
10	棠下迎福里	二级道路	1.7m	16m	0.11
11	棠下达善一巷	三级道路	1.4m	16m	0.09
12	棠下达善二巷	三级道路	1.5m	21m	0.07
13	棠下迎福里一横巷	三级道路	1m	21m	0.05
14	棠下达善四巷	三级道路	1m	21m	0.05
15	棠下达善五巷	三级道路	1.38m	21m	0.07
16	棠下塘头里	三级道路	1.65m	15m	0.11
17	棠下清和里	三级道路	1.37m	18m	0.08

（4）公共空间分布不均。通过图底关系可以发现，棠下村对外开放的主要公共空间仅有 3 处（图 2.3.4），位于中部、东南和西南方位，其余区域皆为一些面积较小的碎片空间，且到达各公共空间并没有良好的交通道路与指引，难以满足众多居民对公共空间的需求。

图 2.3.4　棠下村主要公共空间分布图

（5）公共空间辐射范围小。通过对棠下村公共空间的分布图研究，归纳总结其公共空间的形式，运用图底关系的理论对其进行宜服务人数的比例分析，可以更为清晰地看到现有公共空间的辐射范围，如表 2.3.6。

棠下村主要公共空间的辐射范围　　　　　　　　　　　表 2.3.6

公共空间序号	图形	面积	宜服务人数 = 面积 ÷（14 ~ 28）m²/人	宜辐射人数 = 宜服务人数 ÷（15% ~ 20%）	宜辐射面积 = 宜辐射人数 ÷0.6 人 /m²	宜辐射半径 = $\sqrt{宜辐射面积 ÷ \pi}$	结论（最大辐射半径）
①		565m²	20 ~ 40 人	100 ~ 200 人	166 ~ 333m²	12 ~ 18m	18m
②		2068m²	74 ~ 148 人	370 ~ 740 人	616 ~ 1233m²	25 ~ 35m	35m
③		1694m²	61 ~ 121 人	305 ~ 605 人	508 ~ 1008m²	23 ~ 32m	32m
④		92.5m²	3 ~ 7 人	15 ~ 35 人	25 ~ 58m²	5 ~ 8m	8m
⑤		271m²	9 ~ 19 人	60 ~ 95 人	100 ~ 158m²	10 ~ 12m	12m

注：宜辐射面积的计算中，"0.6 人 /m²" 为棠下村人口密度；宜辐射半径：由公式 $S=\pi R^2$ 推导。

通过图底关系分析可见棠下村各个公共空间的辐射范围不够大，最大的公共空间的辐射范围为 35m，最小的仅为 12m（图 2.3.5）。对外开放的公共空间所辐射的范围非常有限，棠下村西北区域几乎没有公共空间，难以满足棠下村高密度人口的公共空间需要。

图 2.3.5　棠下村主要公共空间辐射范围图

3. 公共空间调整

上文中棠下村公共空间图底关系图显示，棠下村公共空间呈现出数量不足、分布不均、辐射范围小、街巷空间不合理等问题。结合图底关系，并对棠下村进行多次走访调研与统计，发现棠下村中存在许多违建建筑、废弃建筑、破旧祠堂、封闭性空地等（表 2.3.7）。

棠下村需改善空间统计表　　　　　　　　　　表 2.3.7

序号	空间类别	数量	拟改善方式
1	封闭性空地	2	改造—开放
2	违建建筑	1	拆除—改造—开放
3	破旧祠堂	2	修缮—开放
4	废弃建筑	4	拆除—改造—开放
5	废弃场地	4	改造—开放

对棠下村公共空间的整治，需要对上述建筑与封闭性空地进行整改与开放。在棠下村公共空间如此紧缺的情况下，针对不同类型的空间提出对应的改善方式，主要以修缮、改造与开放为主，如采用改造和开放封闭性空地、拆除违建建筑与废弃建筑、修缮与开放破旧祠堂等方式对棠下村的公共空间进行调整（图 2.3.6）。

封闭性空地　破旧祠堂　废弃建筑　违建建筑　废弃场地

图 2.3.6　棠下村需改善空间示意图

开放后的这些场地可作为公共空间服务于周边居民，满足棠下村居民对于公共空间的需要，并重新绘制了整合后的棠下村公共空间图底关系（表 2.3.8）。

棠下村公共空间图底关系　　　　　　　　　　表 2.3.8

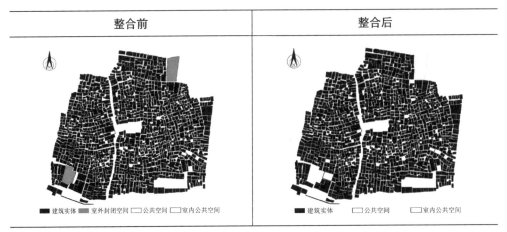

整合前	整合后

建筑实体　室外封闭空间　公共空间　室内公共空间　　　　建筑实体　公共空间　室内公共空间

通过测量其比例、辐射范围，对比整合前的棠下村图底关系，整合后的棠下村
公共空间数量增多，各个区域都有主要公共空间和小型公共空间，相辅相成，如
图 2.3.7 所示。公共空间的总体占比由 22％提升到了 32％（图 2.3.8），辐射范围与
辐射人口都有明显增加与改善，能辐射棠下村大部分区域，有效缓解城中村公共空
间缺失的现状。

图 2.3.7　整合后棠下村公共空间的辐射范围

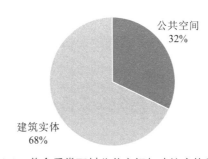

图 2.3.8　整合后棠下村公共空间与建筑实体的占比

4. 公共空间整体规划

整合后的棠下村公共空间图底关系，以辐射范围为标准，对棠下村公共空间进
行分类规划，将棠下村公共空间规划为：主空间节点、次空间节点、街角空间、街
巷空间四大类型（表 2.3.9）。

棠下村公共空间分类规划 表2.3.9

空间类型	数量	名称
主空间节点	4	娱（A1）、文（A2）、育（A3）、乐（A4）
次空间节点	7	B1、B2、B3、B4、B5、B6、B7
街角空间	若干	数量多，不作编号
街巷空间	若干	数量多，不作编号

（1）主空间节点：指棠下村主要的空间节点，影响着棠下村的整体基调与发展走向。将棠下村中辐射范围最大的四处公共空间定为主空间节点，分别为A1、A2、A3、A4（图2.3.9）。这四处主空间节点将规划成为棠下村影响力最大、最具有活力的公共活动空间。此外将棠下村图底关系与实际调研相结合，综合这四处空间的交通、地理位置、周边人群等实际情况，分别定下四个主题：娱（A1）、文（A2）、育（A3）、乐（A4）。

■ 主空间节点

图2.3.9 棠下村主空间节点规划图

娱（A1）位于棠下村西南侧，该区域为一处较大的封闭性公园，具有较高的改造潜力。因该区域靠近棠下村外环道路与横向主干道，交通便利，村外人员方便到达，故将其设定为棠下村吸引外来游客的主要区域，成为棠下村对外的"招牌"娱乐节点。

文（A2）所在位置是棠下中心花园，位于棠下村主干道中部。棠下中心花园曾经也是一块利用率低且功能不完善的公共空间，但近年来得到修缮，于 2021 年 7 月 30 日对外开放使用。修缮后的棠下中心花园功能与环境良好，大门正对毛主席视察棠下纪念馆，整体设计具有岭南特色，并有序安置了亭廊、假山、文化长廊、甘棠书屋等，弘扬了民俗文化，丰富了村民的精神文明生活，成为目前棠下村村民主要的休闲娱乐空间，因此将该区域主题设定为"文"，作为棠下村居民的文化精神场所。

育（A3）所在位置是北社公园，位于棠下村东北侧，正对文宣钟公祠。与西南侧的娱（A1）相同，该区域为一处封闭性公园。其周边邻近小学，每天中午与下午放学时期，会有较多的学生途经于此，但学生们只能路过，不能进行游乐，并且整个棠下村中并没有儿童友好型的公共空间，故将该区域主题定为"育"，旨在满足棠下村儿童们的休闲娱乐需求。

乐（A4）所在位置是丰乐花园，位于棠下村东南侧，是一处四面都由房屋围合起来的公共空间，日常使用率较高，周边居民接孩子放学后多在此逗留玩乐。因此将此区域主题设定为"乐"，欲将其规划为一处周边居民喜爱的社区公园。

通过对主空间节点的规划，娱、文、育三点相连，形成西南至东北轴线，乐和文形成东南至西北轴线，两条轴线形成互补，辐射棠下村绝大部分区域，如图 2.3.10、图 2.3.11 所示。棠下村的公共空间呈现出主次分明的秩序感，也为后续的公共空间改造奠定了基调。

西南至东北轴线

图 2.3.10　棠下村主空间节点轴线图（西南至东北）

■ 东南至西北轴线

图 2.3.11　棠下村主空间节点轴线图（东南至西北）

（2）次空间节点：次空间节点定位主要是小型公共空间与精神寄托场所，类似于点缀作用的小剧场，让城中村公共空间内容更为丰富，可以起到小范围内激活周

■ 次空间节点

图 2.3.12　棠下村次空间节点规划图

边区域的作用，与主空间节点形成主次关系，相辅相成。棠下村的毛主席视察棠下纪念馆就可作为次空间节点的典型。此外，在前文中所提及的废弃场地、废弃建筑、破旧祠堂、违建建筑等在经过改造后都可作为次空间节点，服务周边居民。基于此方式，规划出 7 处次空间节点（图 2.3.12），这些次空间节点与主空间节点相结合，使棠下村公共空间更加多样化。

（3）街角空间：街角空间主要是一些建筑与街道围合起来的碎片空地，它们处于城中村的各个角落，犹如城中村的一些"边角料"。这些空间虽面积较小，但数量庞大；虽无法起到较大的公共空间辐射作用，但却具有填补棠下村内公共空间"沙漠"区域、丰富棠下村绿化生态的巨大潜力，并且能够满足居民简单的生活功能需求，如果合理利用起来，则具有化零为整的作用，也能有更大的辐射范围（图 2.3.13、图 2.3.14）。

（4）街巷空间：街巷空间主要是棠下村内的街道与巷子，在棠下村公共空间中，街巷空间整体面积占比较大，它们起到串联起整个城中村公共空间节点的作用。但由于棠下村的街巷空间大多狭窄，主干道少，功能也较为单一，行人停留时间较短，仅作为通行使用。因此在规划设计中，街巷空间需以通行、美化与增加简易便民功能为主，通过提升街巷空间的质量提升居民日常出行的幸福感。

▨ 街角空间

图 2.3.13　棠下村街角空间示意图

■ 建筑实体　　□ 公共空间　　□ 室内公共空间

图 2.3.14　充分利用街角空间后的公共空间辐射范围

5. 公共空间交通脉络规划

良好的交通路线是城中村公共空间充满活力的重要基础。在规划好棠下村公共空间节点后，制定了城中村各个公共空间的交通路线。如图 2.3.15 所示，4 处主空

■ 主空间节点　　■ 次空间节点　　■ 街角空间　　□ 交通道路

图 2.3.15　棠下村交通脉络规划图

间节点已经具备了较好的交通条件，村内与村外人员如果参观游玩只需步行即可，将一些良好的街巷相连接，形成通往各个空间节点的路线，且从村外到各个主节点之间的距离平均都在 200m 左右，从村口步行 5～10 分钟即可到达各个主空间节点，形成适宜的步行距离。

结合上述五个方面，棠下村的公共空间整合规划完毕，整合规划后的棠下村公共空间系统呈现出秩序感和节奏感，各空间节点分明、辐射范围扩大、可达性高，连贯的交通路线串联起棠下村的各个节点，使棠下村的各个节点形成一个系统，融合成一个整体，为后期改造设计提供了基础，做好了铺垫。

二、图底关系理论下棠下村公共空间再生性改造设计

在此部分内容中，根据前文棠下村公共空间的整合结果，对前文所划分的棠下村四大公共空间类型分别进行分析与改造。其中主空间节点与次空间节点以针对性改造为主，街角空间与街巷空间则以空间改造的示例来表达改造的方式与意向。

1. 棠下村公共空间现状

棠下村在近年进行了小范围的微改造，主要是美化了主干道街道，修缮了棠下中心花园，一定程度上扩大了村内居民的公共空间范围，改善了生活环境。但大部分的棠下村公共空间依旧呈现出功能性不强、活动环境较差、活动设施老旧、公共空间使用率高但体验感差等现象，需要修缮与改造。将棠下村主空间节点、次空间节点、街角空间与街巷空间的公共空间现状汇总成表格进行详细阐述，如表 2.3.10 所示。

棠下村公共空间现状　　　　　　　　表 2.3.10

序号	空间实景	空间位置	空间类别	室内/外	使用频率	空间现状	是否改造
1		娱（A1）	主空间节点	室外	低	整体封闭，内部杂草丛生，外部堆放垃圾，道路泥泞，无人使用	是
2		文（A2）	主空间节点	室外	高	整体环境较好，功能丰富，能够满足多种休闲娱乐需求	否

续表

序号	空间实景	空间位置	空间类别	室内/外	使用频率	空间现状	是否改造
3		育（A3）	主空间节点	室外	低	整体封闭，内部堆放杂物，年久失修，无人看管与使用	是
4		乐（A4）	主空间节点	室外	高	功能性较差，建筑与设施年久失修，座椅破损严重	是
5		B1	次空间节点	室内	低	年久失修，杂草丛生，使用频次较少，内部堆放废品	是
6		B2	次空间节点	室内	低	基本被废弃，无人使用，门口堆放杂物	是
7		B3	次空间节点	室外	高	设施简陋，香烛鼎与垃圾站混在一起，地面杂乱，居民常在此打牌	是
8		B4	次空间节点	室外	低	一处废弃楼房，目前外围被金属板围住，内部为建筑废墟	是

续表

序号	空间实景	空间位置	空间类别	室内/外	使用频率	空间现状	是否改造
9		B5	次空间节点	室外与室内	高	一处居民活动场所，但功能性较差，活动区域被矮脚栏杆围住	是
10		B6	次空间节点	室外	低	一处废弃空地，外围被金属板围住，内部为建筑废墟	是
11		B7	次空间节点	室内	高	村内唯一对外开放的室内公共活动空间，展览环境较好	否
12		零碎空地	街角空间	室外	低	大多堆放杂物，杂草丛生，基本不被使用	是
13		街道	街巷空间	室外	高	大部分道路狭窄，路面坑洼，电线管道杂乱，立面混杂	是

通过表 2.3.10，可以得出棠下村目前使用率较高的公共空间多为一些对外开放且空间宽敞的场地，如主空间节点的文（A2）、乐（A4），次空间节点的 B3、B5、B7 等。在众多公共空间中，无须改造的仅有 2 处，分别为文（A2）和 B7，是棠下村仅有的 2 处较好的活动区域，余下的空间大多存在利用率低、空间功能不完善、整体环境破

旧较差等问题，后续主要针对需要改造的公共空间进行改造设计。

2. 主空间节点改造

依据表 2.3.10 的分析，棠下村的 4 处主空间节点中，节点文（A2）——棠下中心花园目前已在良好使用，无须重复改造设计，故仅对娱（A1）、育（A3）、乐（A4）三处节点进行改造设计。

（1）娱（A1）——棠趣公园

该节点是一处封闭性公园，不对外开放，园内杂草丛生。对其定位是吸引村外年轻游客前来游玩与观赏的空间，因此在设计时要更加符合年轻人的喜好与乐趣，融入时尚、艺术、潮乐的元素，让整个空间注入活力。

对该节点的设计，选择拆除东、西、北三面的部分栏杆，减少边界感，增强开放与纳新的态度，保留现存建筑、树木与部分的景观植物，再对整个空间进行重新规划。在设计中，划分了艺术景观区、休闲景观区、活动娱乐区、观景看台区四个区域（图 2.3.16）。

图 2.3.16　棠趣公园改造后平面图

艺术景观区置入艺术装置，为整个空间增加艺术活力，引起年轻群体的兴趣。休闲景观区存有几棵保留的树木，围绕着这些树木，设计休闲座椅，让游客与村民们可以在空间内驻足，感受村内的生机。活动娱乐区设计更年轻化与时尚化的健身设施，在吸引外来游客的基础上也满足村内居民对于健身的需求。观景看台区在原有建筑基础上改造而成，在设计中增强其功能，建筑一层为公共厕所，二层则为观景看台（图 2.3.17）。

图 2.3.17　棠趣公园改造后效果图

在整体改造设计后，该节点整体功能丰富，可进行的活动更多元，趣味感得到提升，故将该节点称作棠趣公园（表 2.3.11）。

棠趣公园改造前后对比　　　　　　　　　　　表 2.3.11

改造前空间状态	改造后空间效果

（2）育（A3）——北社公园

北社公园长期不对外开放，园内设施老旧，杂物堆积，场地内的池塘浑浊。将北社公园定位为能让棠下村内的孩子进行游玩、休闲、教育的公园，使其成为一处儿童友好型公共空间。

基于对该区的主题规划，首先将公园南面与西面的栏杆拆除，形成开放性的社区公园。其次保留原有建筑与树木，拆除原健身器材，统一分区。将该公园分为四大区域，分别为儿童游乐区、科普长廊、休闲健身区、艺术景观区（图 2.3.18）。

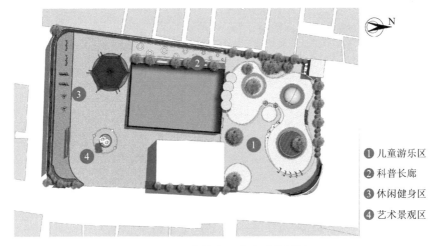

❶ 儿童游乐区
❷ 科普长廊
❸ 休闲健身区
❹ 艺术景观区

图 2.3.18　北社公园改造后彩平图

　　儿童游乐区是整个场所重点设计的部分。由于该地方树木较多，无法放下大型的儿童游乐设施，因此采用体量较小的金属管架游乐设施，减少设施的空间占比量。整体颜色以橙黄为主，符合儿童对亮丽颜色的喜爱，激发儿童游乐兴趣。艺术景观区设计花形艺术装置作为入口景观；休闲健身区则可以满足周边居民的休闲锻炼需求。在科普长廊中科普成长教育知识，形成一个寓教于乐、老少皆宜的活动场所。除此之外，还设计弧形转角墙作为公园门牌，墙上嵌入可活动的方形木块，儿童游乐时可以翻转木块，隐喻着儿童成长的多元与无限可能（图 2.3.19）。

图 2.3.19　北社公园改造后效果图

通过改造设计，该节点以儿童友好为目标，形成了一个为儿童设置的寓教于乐的空间，加之色彩鲜明的游乐装置，让整个区域更具有童趣，能够满足人们生活中更多的娱乐与休闲功能（表 2.3.12）。

北社公园改造前后对比 表 2.3.12

改造前空间状态	改造后空间效果

（3）乐（A4）——丰乐花园

丰乐花园四面被房屋围住，仅有 1 处入口。整个场地较大，但园内设施年久失修，休闲设施已经破损，空间规划也不合理，真正可以供人休闲娱乐的地方非常少。

对该节点的定位是营造能够让周边居民散步、休闲，享受天伦之乐的社区型公园。结合实际调研，发现来丰乐花园休闲的居民很多，但由于其功能设计得不合理，空间内能够坐下休闲的地方很少，仅有 2～3 处石凳、1 处凉亭和 1 个廊架，无法满足周边众多居民的休闲需求，且园内树木较多，各功能之间无联系性，较为碎片化。故在改造设计时，更多地会考虑整个空间的整体性与连续性。设计中，将丰乐花园分为入口区、滨水区、休闲娱乐区、健身锻炼区（图 2.3.20）。

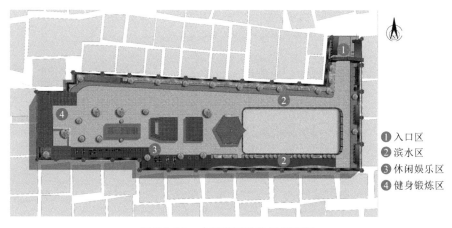

❶ 入口区
❷ 滨水区
❸ 休闲娱乐区
❹ 健身锻炼区

图 2.3.20 丰乐花园改造后彩平图

改造中，在入口两侧分别增添停车区域与宣传栏，将入口的门头设计为人字屋顶造型，并用格栅排列，增加秩序感。滨水区以休闲座椅为主，将滨水区北侧的行道树通过景观与休闲座椅联系成一个整体，满足休闲需求；将南侧走道设计为 S 形的休闲步道。健身锻炼区则将零散的健身器材统一划分区域。休闲娱乐区保留了原有的凉亭、廊架和电房，设计中将凉亭与整个花园的整体色调统一；对机电房造型进行设计调整，增加美观度，并利用立面形成宣传栏；廊架则增加高度以提升采光效果，增强休闲的功能。此外，花园的西北侧增加了儿童游玩设施，以满足不同人群的需求。花园的西侧根据地形与植物设计了 U 形长廊与片墙，增加空间层次感与变化感（图 2.3.21）。

图 2.3.21　丰乐花园改造后效果图

丰乐花园综合考虑美观性、功能性与居民需求，有效改善了空间环境，提升了公共区域的整体体验感，改造后的丰乐花园成为一处与家人享受天伦之乐的好去处（表 2.3.13）。

上述节点的改造设计中，基于场地形态、固有建筑、植物景观等进行分析，再结合主题基调和人群需求进行功能设计，最大化地满足不同人群需求。在设计时尊重原有的建筑文化，皆以修缮改造为主，减少拆除量，也让居民可以看到公共空间中多元文化的并存，留下村内居民的生活记忆点。

丰乐花园改造前后对比　　　　　　　表 2.3.13

改造前空间状态	改造后空间效果

3. 次空间节点改造

　　次空间节点主要为小型公共空间，无法像主空间节点一样容纳丰富的娱乐休闲功能。因此，次空间节点的改造主要是根据空间周边的环境、居民的生活需要进行改造，有时也需要根据主空间节点的主题，对次空间节点进行设计，形成口袋公园与小型剧场，虽不如主空间节点那样场地宽阔与功能丰富，但可以在整体上起到点缀和引流的作用。将棠下村内的次空间节点进行改造，分别为 B1、B2、B3、B4、B5、B6。

　　（1）B1 为应章钟公祠，位于节点娱（A1）——棠趣公园的正对面，整个建筑都呈现出年久失修的特征，屋顶杂草丛生，屋内破旧损坏。结合附近主空间节点的主题，将其设计成为一处祠堂剧场，在周末与节假日时通过不同的演出，吸引棠下村内居民与外来游客前往，激发棠下村活力（表 2.3.14）。

应章钟公祠改造前后对比　　　　　　　表 2.3.14

空间位置	改造前空间状态	改造后空间效果
B1		

　　（2）B2 为礼长钟公祠，但基本无人使用，门前堆放许多杂物，距离节点娱（A1）——棠趣公园仅 100m 左右。将其设计为展厅，与娱（A1）——棠趣公园、B1——应章钟公祠的整体基调相统一，为外来游客提供一处艺术空间，同时也能够为当地居民提供更多的休闲方式，满足精神需求（表 2.3.15）。

礼长钟公祠改造前后对比 表 2.3.15

空间位置	改造前空间状态	改造后空间效果
B2	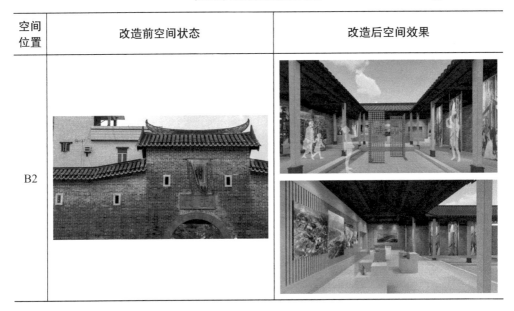	

（3）B3 是棠下村福善庙门前的空地，东侧是一处垃圾站，时常有村内居民在此烧香点烛，平日也是周边居民聚集打牌的场所。将该区域分为两部分，一部分为垃圾站区域，另一部分为祭拜与休闲区域。祭拜与休闲区域以完善空间功能为主，调整电箱围栏的设计，修缮树池与增加休闲座椅，使其环境整洁干净，既满足祭祀需求，也满足居民的休闲娱乐需要（表 2.3.16）。

福善庙门前空地改造前后对比 表 2.3.16

空间位置	改造前空间状态	改造后空间效果
B3		

（4）B4 为主干道左侧的废弃楼房，位于棠下村主干道的中部左侧，棠下村整改后主干道街道风貌变得整洁、统一、有特色。虽每天人来人往，但没有提供能够驻足的区域，行人匆匆走过，停留时间短暂。因此，将 B4 设计为一处阶梯观景台，台下是休闲座椅，阶梯上则可以看到棠下村来往的人流与热闹景象。此外在台阶两侧设计一些嵌入式书格，来往行人可以停下休息，看书阅读，闹中取静（表 2.3.17）。

主干道左侧废弃楼房改造前后对比　　　　　　　　　　表 2.3.17

空间位置	改造前空间状态	改造后空间效果
B4		

（5）B5 为丰乐会堂，是一处居民活动中心，楼房门口处有一块小空地，但周边都被矮脚栏杆围住，进出不便，容易绊倒。根据其场地特点，拆除矮脚栏杆，沿地形设计弧形文化宣传栏，加设弧形阶梯，形成一个小型休息区域。周边采用模块化的景观与座椅，与周边的道路形成区分。与此同时将丰乐会堂的外立面与内部空间进行修缮改造，一层以棋牌娱乐功能为主，二层则以阅读休闲为主，满足居民室内的休闲娱乐需求（表 2.3.18）。

（6）B6 为文宣钟公祠旁的一块废弃空地，这块场地之前是道珍祖祠，但现在祖祠已经破损拆除，成为旧址，这块空地则可以再次利用起来。基于其周边的建筑风貌、文化氛围和人群特点，将其设定为棠下村的书吧空间。设计时根据场地结构，采用与村内祠堂、古建筑统一的形态，二进布局，但并非完全复刻古建筑，如将其外立面设计成山墙造型的玻璃窗，增强室内外联系，同时也增加室内的自然采光。室内则多采用青砖、瓦、木料等材料，形成安静典雅的氛围。通过这个设计，希望可以满足棠下村居民休闲阅读的需求，在喧闹的城中村中有一处安静的公共阅读空间（表 2.3.19）。

丰乐会堂改造前后对比　　　　　　　表 2.3.18

空间位置	改造前空间状态	改造后空间效果
B5		

文宣钟公祠旁废弃空地改造前后对比　　　　　　　表 2.3.19

空间 位置	改造前空间状态	改造后空间效果
B6		

　　以上为棠下村次空间节点的改造与设计，通过对次空间节点的改造，由点及面地激发棠下村公共空间的活力，从而满足棠下村众多居民的交流需求、休闲娱乐需求。

4. 街角空间改造

棠下村街角空间呈现出不同的造型形态，有点状、线状、块面和不规则形态（表 2.3.20），大多场地较小，开发潜力较低，因此也常被人忽略。在此次改造中，有意要将这些碎片空间进行利用，从而满足棠下村的一些日常功能需求。

棠下村街角空间形态类型 表 2.3.20

点状	线状	块面	不规则形态
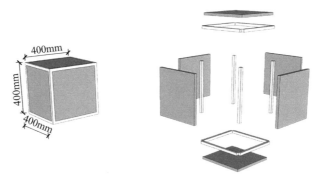			

根据这些场地的综合特征，设计了一种多功能的模块化装置（图 2.3.22、图 2.3.23）。该装置为 400mm×400mm×400mm 的正方体。可以根据场地的大小，在碎片空间置入相应数量的模块。这些模块四面可拆卸，同时也可以更换同样大小的不同材质，满足不同空间的需求。在模块中还可以种植植物，形成景观小品，为城中村增添绿色生机。

图 2.3.22 模块化装置

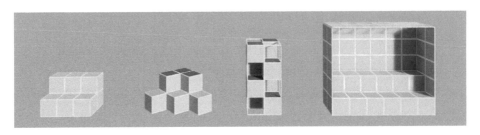

图 2.3.23 模块组装示意

　　选取棠下村部分街角空间作为实践示例，设计了多个装置样式，通过设计可以看到，该模块经过组合与拼装，能够满足休闲、景观、晾衣等多种功能需求，很好地解决场地小、改造难、利用难等问题。甚至在未来的维修过程中，只需要简单地替换局部部件就可以再次投入使用，也可以根据未来的使用需求，改变其模块摆放，具有较大的功能潜力与推广可行性。该装置推广后可以渗透到棠下村的各个街角空间，即使没有大型公共活动空间也可以有效解决居民的一些生活需求，成为村内居民家门口的功能装置，美化城中村环境，提升村内生活质量（表 2.3.21）。

棠下村街角空间改造前后对比　　　　　　　　表 2.3.21

改造前空间状态	改造后空间效果

5. 街巷空间改造

　　在街巷空间中，制定的改造方案是先将一级道路进行改造和升级。一级道路人流量大，连接着各个主要公共空间节点，使用率高，改造的必要性较大；此外由于道路较宽，施工难度相对于二级、三级道路较小，改造的可能性更高。

　　棠下村中轴线主干道已经进行过整改，目前道路平整，街道两侧立面整洁统一。余下道路并未整改，存在各种设施外溢、建筑立面杂乱、路面坑洼等情况。

　　结合上述情况，在设计改造时，首先将道路铺地进行改善，保证街道的平整，潜移默化地给行人带来行走的舒适感。其次对沿街的外立面进行调整与设计，增加

59

沿街外立面美观程度，规整杂乱电线，沿街顶棚部分采用铝格栅，统一沿街顶棚。在街道旁与街巷转折处增加交通指示牌，指引村内外居民到公共空间节点观赏游玩，带动空间活力与周边经济。

棠下村内二级、三级道路由于道路狭窄，施工难度较高，难以进行较大的整改。因此对于二级、三级道路的改造设计，以填补路面坑洼、规整杂乱电线、修缮立面破损、保持街巷畅通无阻为主（表2.3.22）。

棠下村道路改造前后对比   表 2.3.22

道路种类	改造前空间状态	改造后空间效果
一级道路		
二级道路		
三级道路		

小　结

　　充满活力的公共空间能够激发社区居民的集体精神，而缺失良好公共空间的城中村则大大削弱了居民社交、锻炼、休闲娱乐的意愿，衍生出冷漠、乏味、孤独的社区氛围。在这样的现实问题下，解决城中村功能缺失问题成为激发城中村活力的关键。

　　本章的研究以图底关系理论为基础，选取广州市棠下村为研究对象，对其公共空间进行整合与改造研究。通过对图底关系的特点、建筑实体与公共空间的比例、公共空间的辐射范围、公共空间的功能等各要素的分析，总结出高密度街区良好的公共空间特点，分别为：图底关系可黑白反转、公共空间分布均衡、公共空间辐射范围适宜、街道宽高尺度宜人、公共空间系统连贯、公共空间功能营造良好，并基于这六大特点提出城中村公共空间整合的策略及设计方法。对城中村公共空间提出四大整合方法：梳理图底关系；调节空间分布；规划空间节点，打造宜人空间；疏通空间脉络，营造舒适街道。以新的视角对广州市棠下村公共空间进行改造实践，整合与改造后呈现良好效果，证实图底关系理论在城中村整合与改造中运用的可行性。

第三章

基于环境行为理论的城中村
公共空间再生性改造研究

审视我国城中村改造历程，一个显著的局限性在于其过度集中于物理空间的整治、土地利用的规划，以及功能性设施的升级，却遗憾地忽略了居民深层次的生理与心理健康需求。城中村，以其标志性的拥挤居住条件，限制了居民的活动范围，不利于人的全面发展。鉴于此，创造适宜的公共空间，以满足居民对开放、健康生活环境的迫切渴望，显得尤为重要。

基于对居民环境心理学和行为模式的深刻理解，本章的研究倡导在城中村改造策略中深度融合人文关怀，着重从环境与行为互动的视角出发，为改造方案注入新的设计理念。这一视角的采纳，对于引导未来城中村公共空间改造实践，实现空间环境与居民福祉的和谐共生，具有深远的意义。它不仅能够丰富现有的改造理论框架，还能为政府部门在制定和执行城中村改造政策时，提供科学且人性化的指导方针，推动城市建设向着更加全面、可持续的方向发展。

第一节　环境行为相关理论与公共空间环境行为分析

环境行为学随着学者们的探讨和研究以及理念的推广，设计师开始重视用理论指导实践创作，同时随着实践案例的增加反过来影响理论的发展，有关行为和环境相互关系的理论已经呈现出多元化的状态，其中"环境决定论"成为大部分设计师崇尚的理论之一，该观点的核心是物质对生物的行为起到决定性作用，认为环境能影响和决定人的行为，例如用某个空间形成指定功能性的环境，可以诱导受众人群进行相适应的行为，虽然这个观点忽视了人的主观意识，但是，其中对空间提出的科学性理论研究确实具有参考价值。随着理论的发展，越来越多学者通过多维的观察实验，从多种角度来完善人们在空间中的行为和环境相互影响的观点。

一、人与环境相互影响理论

1. 唤醒理论

唤醒理论指的是环境刺激对人产生的直接效果达到提高唤醒水平的目的，无论是愉快或是不愉快的刺激都能实现唤醒的功能。唤醒的情况取决于自身情绪和外界环境。唤醒水平决定了情绪的强度，也就是情绪的深度，而认知评价决定了情绪的表达形式，是快乐还是不快乐。雷切尔·卡普兰和斯蒂芬·卡普兰提出在控制好空间连贯性、易识别性、复杂性和神秘性思维互相协同的情况下，可达到唤醒水平的效果。因此在设计不同的空间时要多维思考场所空间对人们的唤醒功能，达到调节情绪的目的。

2. 应激理论

应激是指受到外界令人不愉快的刺激而引起的紧张反应。应激主要包括主观体验感受和客观接受刺激两个方面，首先要判断客观事物的刺激强度是否对主体达到威胁的程度，其次要知道主体对外部压力的承受能力。而外部应激物主要包括灾难事件、个人应激物，以及背景应激物三大类。从外部应激物的类别来看城中村的环境脏乱差问题，村中的空间已经构成个人应激物、背景应激物，对人类生存确实具有严重的影响。必须通过相适应的改造手段才能提高城中村人们生活质量，实现社会的稳定发展。

3. 环境负荷理论

环境不管是视觉、听觉、嗅觉还是触觉，都会对人类造成一定的刺激影响，那么这些信息传递的多少将直接影响人的接收程度，会带给人相应的负荷，高负荷环境指的就是大量的环境信息，低负荷环境指的是较少的环境信息。城市学家帕尔认为，在现代化城市进程里，环境的反复相同，造型一致的水泥森林，甚至连每一条道路所形成的空间都是如此的相似，城市枯燥而单薄的环境给人的视觉刺激是乏味的，在某种程度上甚至会造成青少年犯罪和破坏行为。因此在城中村改造的过程当中，环境负荷的设置应该经过严谨的考究和详细的规划，才能对空间给予有效的设计策略支援。

4. 适应水平理论

适应水平理论是指在空间环境中，给予适当的刺激才能达到人们最理想的状态。要调节环境适应度，人们可以采取两种方法让外界刺激和自己渴求的状态相契合，第一是改变自身对刺激的反应去适应外部环境空间，第二是改变或选择适合的环境刺激来满足自己的需求。在空间改造中，应该多探寻居民行为适应性水平的平衡点，只有了解其生活习惯、行为方式以及心理感受，如顺不顺心、是否感受到环境威胁等，才能实现以人为本的空间设计理念。

5. 行为约束理论

行为约束理论指的是人的行为受到客观环境的影响，如果这种影响是属于约束性、干扰性的，那么人们往往会出现一种不自在的感觉，当这种环境的影响超出了个人的控制感，也就是人们内心感到失控的时候，即第一阶段的反应。紧接着会进入尝试控制阶段，即"心理对抗"，通过抵抗约束来试图建立情感控制。因此，适当在设计中形成行为约束可以规范空间，对人们的日常行为有一定的引导性，但是若强度过大，这种规范约束将会令空间失去活力，人们也会感到压抑。

二、公共意象理论与马斯洛需求层次理论

意象是指通过大脑感知客观事物在记忆中重新塑造出来的形象。那么在过去感知到的具体空间重现在脑海中就成为"认知地图"，认知地图是多维信息的综合再现，是居民在与空间交往过程中在大脑中留下的记忆点，这些信息都是以三维形式储存在大脑之中。除了单纯现实的信息，还有抽象的信息，例如空间的氛围等感受都能存在于居民的大脑中，通过收集大众的认知地图，能够了解到该地区的居民公共意象。而且这一意象一旦形成便具有持久性和稳定性的特点，因此遵循公共意象进行城中村公共空间改造是很有必要的。

美国心理学家亚伯拉罕·马斯洛在《动机与人格》（*Motivation and Personality*）一书中详细阐述了马斯洛的需求层次理论，提出"人在社会生存空间中的需求层次，从基本生理需求逐级上升至更高层次的精神追求，越是基础的需求越倾向于生存必需，而越是高级的需求则越能体现人类独有的特性和潜能的发展"，并把人类的需求分成生理、安全、交往和归属、尊重、自我实现五个层次，认为这些需求是从低往上发展，低层次被满足后逐级往上提升，同时高层级对低层级具有推动的作用。第一层次：生理上的需求，这些需求包括呼吸、喝水、吃食物、睡眠等，只有这些需求得到满足才能继续往上发展。第二层次：安全上的需求，人的感受器官一直在寻求安全工具，保护自身的安全不受伤害。第三层次：交往与归属的需求，在这个阶段，人渴望与朋友、知己、亲人在日常生活中聊天、沟通，需求在特定的场所或空间进行互动。第四层次：尊重的需求，人在生存环境中希望得到尊重，被尊重使人对自己充满信心，只有从外界得到这种认可，人才会更有成就感。第五层次：自我实现的需求，是需求的最高层次，即实现个人理想，发挥个人的能力，达到自我实现的最高境界，实现个人的抱负。

三、城市公共空间的概念与理论

城市公共空间是指在城市中的社会人群进行活动的空间，是现代城市生活中必备的空间形式，公共空间与人交集甚广，因此已经成为许多学者重点研究的对象。"公共空间"的概念可分成"公共"和"空间"两个层面，公共性是该空间的重要属性，"公共"同时也体现了其社会性，顾名思义，是指对大众免费开放，实现自由共享。公共空间不需要以围合或封闭等形式进行管理，是在利用的过程中可供人

们意愿随时开放的场地。芦原义信在《外部空间设计》一书中,基于综合感知的视角对"空间"进行了解析,认为空间的形成本质上是物体与人之间的相互关系,这种关系主要通过视觉来决定,但也包含了其他感官如嗅觉、听觉和触觉的综合体验。他强调空间并非孤立存在,而是人与环境互动的结果。因此空间环境所形成的场所感确实能对人产生一定的影响。

丹麦学者扬·盖尔在《交往与空间》一书中将人们在户外的活动分成三种类型,包括必要性、自发性,还有社会性。必要性活动是指那些硬性要完成的活动空间,不管这个区域是否适合,但由于作为某种功能连接,必须要设置成立。自发性活动是指个人在场所中,结合设置好的场景,自然而然地主动完成和空间的交互。社会性活动是指不需要外部支援建设,人们在该区域会完成社会属性行为,例如邻里交往活动。芦原义信在《外部空间设计》中提出,外部空间的层次性、序列性以及领域性从多方面给公共空间提供很好的参考模式,结合城中村特殊的环境,交往空间应该按照现有的理论章法进行前期的规划,才能达到持续的发展。本书中的公共空间研究针对已建成的建筑物质环境深入挖掘其可利用性,研究其空间使用率最大化。

四、城市环境中行为与空间关系分析

在城市环境中人们在公共空间活动的行为主要分成运动和停滞两种行为状态,两者既有完全独立的情况,同时也有相互交替进行的状态,为了清晰研究行为和空间的关系,对两大类行为分别进行研究还是很有必要的。

1. 运动行为与空间关系

城中村的运动行为主要包括人们在村内向某个方向前进、散步、集体活动以及其他动态进行的行为。能容纳运动行为的空间特性也较为明显,空间应该设置得相对平坦,无障碍物,并且通道的功能性非常明显,同时人运动时有"抄近路"的行为习惯,因此在城中村道路的规划时要考虑好这一特性,尽量将"近路"设计得相对宽敞,如果城中村的街道条件不够,建筑密集,则应该采取引流的方式,将人们引向大路,而大空间可以通过灯光、颜色、宽敞的形式,吸引人的流向。只有空间有了目的性,途中的空间才会相应地产生吸引力,同时目标空间也会更加引人注目,在运动行为的整个过程中,人们都能感受到空间带来的愉悦感受。

2. 停滞行为与空间关系

城中村的停滞行为主要包括静坐、观景、交谈、合唱、讨论、集会、饮食等以静态停留为主的行为。而这些行为与空间的关系是十分密切的,人们在城中村中静坐和观景时，该处的环境应相应地设计休息区，包括长椅、绿植、较好的环境景观，空间的围合状态也能让使用者产生领域感，同时对环境的控制感也会相应加强。特别当人们在城中村中的空间行为是集会、讨论等时，空间的布置要更明确，人们更希望空间是有靠背或者是地面有落差变化的。围合的材质是多种多样的，除了墙体这种硬质围合，还可以有软质的围合，包括植物、廊架以及半通透的网质材料都可以形成很好的遮挡和围蔽效果，让空间有了明确的用途，人们自然会在空间里表现出相应的行为习惯（图 3.1.1）。

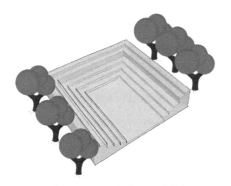 

以地面落差为主的停滞行为空间　　　　　　　以植物、廊架为主的停滞行为空间

图 3.1.1　停滞行为空间

第二节　环境行为分析下城中村公共空间再生性改造的必要性

回顾我国城中村改造的发展过程，目前仅侧重于空间的整理、土地的规划、日常功能性的改良，却忽视了居民的生理和心理需求，然而城中村的特殊环境对人的行为和心理造成的影响严重，因此强调以环境行为关系学梳理改造理论对今后我国城中村公共空间改造思路具有重要指导意义。

一、适宜的城市公共空间特点

1. 合理的公共交通网络

公共空间网络通常容纳了"活动空间""社会空间"以及道路系统，街道作为网络连接整个城市区块里的基本公共领域空间。

（1）把道路分级系统引入网格中，将给予空间更明确的指引，因此某些主干都将被设计或指定承担更多的交通流量，在条件允许的情况下，某些空间拥挤的地方应选择性地把底层建筑墙体往后退，形成适宜的交通脉络。只有在单一行进的状态下才能根据人流量、交通流量来进行合适的道路层级划分，而现实交通系统的运动形式往往是叠加的，因此在设计时可适当排除选择机会，取消某些不必要的交通连接，减少某些低级道路系统的流量，这种限定离散领域的方式有助于对道路网格的识别，同时可以营造居民的社区感和安全感，形成相对独立的区块。

（2）以块状开发的形式把地块公共空间的属性有计划地进行统筹划分，主干道的街道景观以及公共空间的利用率相对要设计得更高，提高街道两旁建筑的利用率，开发和使用的强度更大，让居民穿越、看到并能记住空间的形态，在脑海里形成相对稳定的意象，增加参与公共空间活动的兴趣。

2. 适宜的尺度

空间的比例尺度是把人当作基础参照物的，人在活动之中与环境进行交集，产生了相应的心理感受和视觉体验，因此本书研究的重点在于人与空间的尺度比例关系，良好的尺度关系将带给人们舒适的交往体验，同时也是城市公共空间必备的条件之一，人们在公共空间中进行的行为都需要适宜的尺度才能得到顺利开展。

芦原义信在《外部空间设计》里提到，建筑的高度（H）与相邻建筑的距离（也就是街道的距离）（D）之间的比例决定了空间的质量，$D/H=1$ 是空间尺度舒适度分水岭，当 $D/H=1$ 时，空间尺度较为适宜均衡，当 $D/H>1$ 时，空间感在扩张，随着数值的增大，形成一定的距离感，这时建筑上的所有细节将随着尺度的增大而令视觉焦点落在相对应的地方，建筑的窗口、墙面材质等成为主要的吸睛亮点，当 $D/H<1$ 时，会出现一定的压迫感，随着数值的减少，封闭密集的感觉更为明显。

3. 绿化生态景观完善

绿化环境设施是城市发展进程中最能让人感受到舒适性的方式，绿化在生态设计和可持续发展设计中都起着举足轻重的作用。而城中村到处都挤满了"水泥森林"，连光都成为奢侈品，绿化植物更是少之又少，城市化改造的过程中必须结合城中村的特点，绿化设施的搭建要在满足使用功能的前提下有计划地进行。

（1）在做绿化设置时，根据整个村落的道路规划，在空间节点的地方进行绿化景观的布局设计，例如公共空间、老人活动中心等这些社区交流空间，以及大型可乘凉遮阴的空间是必备的，根据唤醒理论，将人们往积极方向唤醒能促进交流的流畅性，绿色植物确实具备了富有人性的亲和力，对人的刺激是达到愉悦的效果，那么在做设计时根据这一特点可以有层次地设计外部刺激，让这种愉悦的感觉渐入佳境，居民在这个空间内能享受到生活的美好。

（2）绿化设置要结合空间私密性和开放性的特点，绿植对空间有一个软性的遮挡和分割，利用植物把环境和街道做软性处理分割，使活动区域不受外界影响，也不会因为空间的窄小而感到压抑，一片绿色的植物墙让两个单调枯燥而乏味的空间摇身一变，成为两个和谐、亲切的场所，对整个村落空间的营造具有积极的意义。

（3）营造敬畏的情感，人类对大自然具有敬畏的情绪，只有敬畏之心才能对空间起到保护和发展的作用。

4. 具有特色文化

城市发展的过程中，地方特色文化慢慢成为学者着眼研究的重点，而城中村包含着传统农村文化以及现代的城市文化，本土文化以及外来文化，从而形成多元文化的交集地。城中村的环境、人文、风土、历史都将成为本土特色文化的价值指向，因此城中村中地域的发展脉络、文化底蕴都是地方特色，是城市化进程不可缺少的部分，地方性文化应从景观、符号、文本、情感认知这四个方面进行深入探讨，从而营造强烈的个性印记文化空间。创造空间的特殊性，增加该地域居民的记忆点，形成一定的向心性，人对地方的情感往往会受本地空间环境所传递出来的特色文化所感染，在记忆中形成深刻的地方意象，并且产生依附的心理。村落文明能够引起村民的归属感，同时也会得到外来居民一定的关注，当环境中充满本土文化元素和气息，既是文化的传承，也是一种良性引导。如果垃圾长期乱放而不治理，那么久而久之该处便成了垃圾池；如果小花园里长期维持鸟语花香、干净优雅的环境，那么来这里的人就会受到环境氛围影响而减少不文明的行为，因此建设具有本土特色文化的美好视觉元素空间也将使居民往好的行为方向发展。

二、城中村居民的环境行为分析

1. 人、空间与行为的关系

人在日常生活中，会受到环境空间的刺激或唤醒，而经历这些环境的唤醒将会引起人的心理变化，或者是做出相对的反应。这整个一连串的过程充分说明了人、空间、行为是一个相互连接的整体，他们之间相互影响、相互约束，当人作为主体，以主观意识控制环境时，人的行为会对环境起到改变的作用。相反，当环境成为变量，例如公共空间设施设备不足、空间分布的不合理等与人的习惯形成冲突，那么肯定会影响人在该空间的活动，人们更加不愿意接触该空间，导致空间被闲置、无人管理等现象，甚至会形成恶性循环。因此如何利用好人、空间与行为互为影响的关系，将会让城中村的公共空间得以更好地利用，成为宜人的生活场所。

2. 城中村居民对公共空间的需求分析

笔者通过对广州长湴村、元岗村、岑村等城中村的调研，得出目前人们对公共空间质量需求的前三位，分别是空间宽敞度、环境布局、绿化美化环境，同时，笔者还通过图示启发的形式，要求参与调研人员选择出心中最期盼的公共空间的图片（表 3.2.1），排名第一的图片是图 a，被问起哪个空间不够开阔，大部分人会选择图 c，通过分析意向图得出以下共同点：空间布局清晰、环境整洁、有辨识度、绿化环境较好，从而得出居民对公共空间质量的需求（图 3.2.1），主要是以第一视觉感受为主。由于视觉上的清晰、整齐、干净，人们对空间拥挤的抗拒感也会相对减弱，因此大部分人对公共空间最基本的需求是空间序列的规整，通过植物、构筑物的富有趣味性的排列，大大降低空间的压迫感，塑造满足居民需求的公共空间环境。

居民对公共空间的需求意向选择排名　　　　　　　　　表 3.2.1

第一	第二	第三	第四
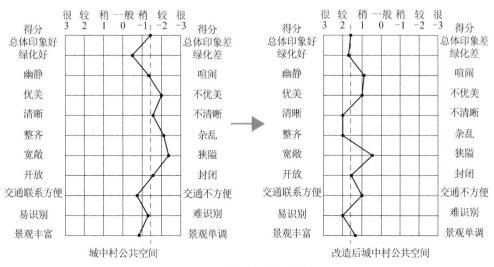			
图 a	图 b	图 c	图 d

图 3.2.1　公共空间意向分析

三、环境行为分析对城中村公共空间改造的必要性

城中村的外来人口作为廉价的劳动力进入市场空间，不仅保障了市场目前的建设成本和正常运转，而且能为众多本土的经济模式提供保障，为当地的经济发展作出了巨大的贡献，因此城中村的流动人口具有积极价值意义。但是，现状与城市化的社区还有一定的距离。

城中村由于历史原因，其公共空间往往存在着设施落后、环境拥挤杂乱、卫生条件差等问题，严重影响了居民的生活质量和身心健康。通过改造城中村的公共空间，可以提升基础设施水平，改善环境卫生状况，营造宜居的生活环境。随着社会经济的发展和生活水平的提高，居民对于公共空间的需求也在不断变化和升级，如增加休闲娱乐、运动健身、亲子互动等功能设施。通过改造，可以让公共空间更加贴近居民的实际需求，丰富居民的业余生活，增进社区凝聚力。此外，城中村作为城市的一部分，其公共空间的品质直接关系到城市形象和整体价值，城中村公共空间改造，不仅可以美化市容市貌，还可以通过合理的规划和设计，将城中村融入城市整体发展规划，推动城市化进程，更高效地利用有限的土地资源，提升空间使用效率，比如增设绿地、优化交通网络、完善公共服务设施等，从而实现城市土地资源的优化配置。

然而，城中村公共空间改造过程中进行居民环境行为的分析，是从居民实际使用的角度出发，深入研究其在公共空间中的行为模式、需求特点及环境体验，为城中村公共空间的优化提供精准的导向。通过对居民环境行为的分析进而改造城中村现有的公共空间，有助于解决城中村公共空间功能欠缺、设施老化、环境品质低下等问题，以满足居民多元化的日常生活和社交需求，增进居民的身心健康，助力于城中村有机更新和城市可持续发展的深度融合。因此，通过研究人们的行为习惯，探索适合城中村居民生活的现代化社区公共空间改造设计策略是非常有必要的。

第三节　环境行为理论下的城中村
公共空间再生性改造策略

笔者基于广州长湴村，通过实地调研以及半结构式访谈，对长湴村的村落布局和空间结构进行归纳，对居民的生活习惯、日常行为进行分析，从而提出相适应的

再生改造策略，以期对进一步设计实践起到指导作用。

一、广州长湴村布局及村落空间现状分析

1. 长湴村的村落布局

长湴村跨度较广，主要由东、西、南、北街连接在一起，其中东、西街相夹的区域建筑群极密集，屋内几乎没有采光，各街道旁建筑地上一层均为商铺，人流量较大。目前，长湴村处于城市高速发展期，四周高楼林立，创意产业园和商业区已基本配备齐全，但作为一个以社区为主的城中村，居住是其主要功能，在该地区居住的人群分为本地居民和外来居民，他们之间如何建立起邻里连接，和谐共处，成为该社区必须考虑的因素，因此具有社交功能的公共空间是其中较为重要的配套空间。通过调研，长湴村主要以东、西、南、北街为主要的划分区域，结合每个区域的特点，笔者将其分为 A、B、C、D 四大区域空间并且进行分析（图 3.3.1）。

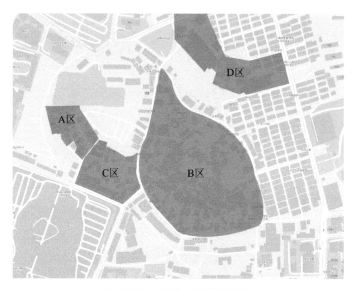

图 3.3.1　长湴村区域分析图

A 区较为临近地铁口和商业区，建筑之间虽然密集，但建筑的数量比 B 区少，由于地域的便利性略高，因此租房价格稍高一点。B 区以中部一块空地为中心，向外发散，整个区域密集地建满了建筑群，而且基本没有公共活动区域，整体布局混乱，配套设施较差。C 区已经整治，建筑排布较为整齐，基本配套设施较好。D 区整体临近长湴新公园，建筑群基本规整，整个配套设备良好。整个村子的区域肌理

与人行路线分析如图 3.3.2 所示，本案例侧重于对 B 区空间以及 B 区周边公共节点的改造设计。

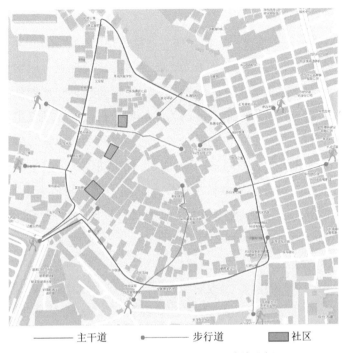

——— 主干道　　　●——— 步行道　　　■ 社区

图 3.3.2　长湴村区域肌理及人行路线分析图

2. 长湴村村落空间现状分析

根据现场对长湴村空间的调研，公共空间问题比较突出的分别是交通配备设施、植物绿化空间、建筑外立面空间、采光照明、公共服务配套设施六个方面，而各个空间所存在的问题对居民的行为都会产生相应的影响，如何让空间的改造设计更符合人们的需求，成为解决问题的落脚点（表 3.3.1）。

从整体分析，各个区域对人的行为影响主要有以下几点，第一：交通路线缺乏规划，没有详细设计整体的交通人流路线，导致社区没有形成一个完整的交通流线，若出现人流问题，无法很好地解决，各种社区公共服务点也无法相应地规划设置；第二：整体环境落后，没有跟上城市化进程，植物绿化率低、建筑外立面陈旧、采光缺乏，以及商铺布置混乱都成为社区需要重视的问题；第三：整个社区没有形成良好的意象节点，导致居民对此处印象不深，没有归属感，不能满足人们心里对家园渴望的需求。

长涝村公共空间调研表　　　　　　　　表 3.3.1

分析点	现状	现场照片		现状分析	改造方式
交通配备设施	城中村人流量大，没有人车分流，车辆在拥挤的通道勉强通行，乱停乱放现象严重；只有一处空地作为停车场，简陋且设施不完善	电动车随意摆放 汽车穿越窄小的巷道	汽车乱停乱放 停车场设备简陋	存在交通安全隐患；无法控制人流，高峰期造成拥挤；无法规划路线	道路规划；人车分流；设置交通工具停放点
植物绿化空间	绿化空间配置少，村内保留了老榕树，但周边没有搭配景观配置，在中心区域，荒废的地块有少许绿植，但是整体规划混乱，没有形成景观	老榕树区域	荒废用地残留的绿植	缺乏停留点；缺少公共景观空间；荒废的地块阻碍道路的畅通性；荒废地块影响环境的美观性	增加绿化空间；活化闲置用地；整体规划意象节点；保留村内有价值的古树
建筑外立面空间	建筑密度极高，建筑质量有待提高，隔声、安全、防潮等状况不良。整体建筑外立面破旧，不美观	建筑外观混乱	建筑间的布线混乱	没有辨识度的外立面导致视觉疲惫；布线混乱形成安全隐患	建筑外立面颜色整体统一；部分建筑可选择跳跃性颜色以增加人们的感官刺激；电线统一规划
采光照明	建筑之间采光极差，村内灯光只有稀疏的路灯		 建筑间采光差	道路昏暗，形成安全隐患；指引性弱，没有可控性，缺乏安全感	一层增加灯光照明；整体增加指示引导牌；配合颜色作为道路引导

续表

分析点	现状	现场照片	现状分析	改造方式
公共服务配套设施	长湴村公共设施较为完善，有学校、卫生服务站、综合市场、商场、银行、文化站等，较为全面，但是质量参差不齐		设备不足，生活配套不完善；空间的功能性含糊，不利于人们进行合适的活动；没有考虑各年龄段的人群需求，有些配套设施占地面积大，但是没有得到充分的利用	改造利用率低的公共服务空间；采用功能性复合原则；进行整体性空间规划

二、广州长湴村内居民环境行为调研

1. 居民的居住生活需求及行为分析

（1）长湴村人口结构数据分析

通过调查得出，长湴村的人口主要为青年人和中年人居多。其中，12～18岁的青少年占比9.09％；18～30岁的青年人群占比25.45％；30～50岁的青壮年人群占比38.18％；50～70岁的中老年人群占比38.18％；70岁以上的老年人占比1.82％。该城中村的本地人和外地人比例接近1：9。

通过调研得知，建筑密集的旧村区域均为外地人居住，本地人多住在新村，偶尔会在旧村歇息，旧区居民的收入来源主要为打工或是在城中村街道经营小店。其中经营收入占比最高达到47.27％；务工占比29.09％；其他占比12.73％；收租占比9.09％；父母给予占比最少，只有1.82％。

（2）居民对现居环境改造的需求分析

通过走访调研，发现村内居民对居住环境较为关心的问题主要集中在治安、水灾、火灾以及饮食等安全问题，其中由于配置路灯不当和混乱的电线布置，让楼间小巷成为安全隐患区域，也是居民非常关心的问题，具体见表3.3.2。可以看出，自身安全的问题解决才能让居民获得长久的发展，基本硬件设备添置往往能够成为最大的安全保障。

另外，城中村街道没有整体的规划，给居民的生活带来不便，标识不明确，容易迷路。大部分居民只能靠习惯了解道路的走向，因此，错综复杂的巷道很容易成为安全盲区。居民在街区的交通方式多为步行和电瓶车，没有人车分流，加上灯光昏暗，给道路安全带来一定的安全隐患，具体见表3.3.3。

现居环境满意度分析　　　　　　　　　表 3.3.2

是否满意	程度	具体占比	
满意	56.36%	—	
不满意	43.64%	治安差	16.36%
		就医难	14.55%
		饮食安全	12.73%
		孩子上学难	10.91%
		水灾、火灾严重	10.90%
		居住面积小	9.09%
		交通不便	9.09%
		购物不便	3.64%
		卫生条件太差	3.64%
		其他	9.09%

现居环境改造需求分析　　　　　　　　　表 3.3.3

改造需求	具体类型	具体占比
日常生活不便之处	街道标识不明确，易迷路	56.36%
	无障碍设施不够完善	21.82%
	空间路线规划不合理	25.45%
	空间色彩过于单调、沉闷	12.73%
	空间功能区规划不合理	7.27%
	光照条件不足	7.27%
	通风条件不足	1.82%
	其他	9.09%
安全隐患区域	楼间小巷	78.18%
	楼梯间	20%
	其他	1.82%
夜间需改善之处	路灯	65.45%
	一层商铺	9.09%
	没有	30.91%

通过马斯洛需求理论可以得出，目前大部分在城中村生活的人们基本处于第二

阶段（安全需求）向第三阶段（交往需求）的方向过渡，高层次的需求对低层次的需求有推动的作用，由此可见，交往公共空间的形成对低层次的需求有助长的作用，当社区公共空间得到完善，人们在精神层面受到环境影响而得到提升，一些硬件设备也会随着素质的提高得到一定的维护和利用。

2. 居民对公共空间的需求分析

大部分城中村居民认为街道空间比较单调和乏味。居民需要开阔和舒适的公共街道广场，并且需要更多的活动空间。通过对长涉村居民的调研，发现超过50%的居民对于村内街道的印象是单调、乏味的，还有12.73%认为走在街道会有不安和紧张感，只有30%认为街道比较轻松，而这部分居民大多居住于新村板块，剩余7.27%的居民对街道没有特别印象。在进一步走访中，可以统计出长涉村居民对居住环境的公共环境提出的要求，如表3.3.4所示。

居民对公共空间的需求分析　　　　　　　　　　　　　　　表3.3.4

区域	需求类型	具体占比
街道广场空间	与旁边的建筑有很好的依存关系	25.45%
	开阔、舒适，有更多活动空间	43.64%
	要充分考虑停车的需求	16.36%
	够穿行就行	14.55%
街道景观环境	更多绿化	50.91%
	不需要景观，只要满足通行	20%
	舒适并具有地方特色	18.18%
	符合街道的基本要求	10.91%
街道的环境氛围	舒适宜人适合休闲活动	45.45%
	热闹、人气旺盛	43.64%
	古朴、古色古香	10.91%

3. 居民的活动行为分析

（1）城中村居民活动行为总体分析

上午时段9:00-12:00，村中大部分的上班族已经在9:00前通过交通工具离开该区域。剩下的是商铺里的商家和一些老居民在店里聊天、打麻将。这个时间段街道中连接菜市场等村内商业空间的街道人流量相对大一些，连接东大街祠堂和革命根据地的区域，人流量也相对大一些，主要是去长涉市场买菜的居民。在长涉市场对面有一个老年人活动中心，里面有植物配置和遮阴的长廊等具有休闲功能的区域，但早上几乎没有看到有人流活动，只有极少的老人在这里进行晨练。

下午时段 14:00-18:00，由于天气较热，村内人流量相对较少，仅有伶仃的人会在村口或街道上短暂地停留，或是休息，或是等候，这些地方均没有提供可休息的区域，因此居民会倚靠在立柱上、蹲坐在店铺台阶上、挨着栏杆聊天等，跟现有的构筑物产生行为关系。这个时间段老年活动中心人流开始增多，主要是乘凉聊天，围观下棋，进行体育运动，如多人一起踢毽子，在相对开阔的地方打羽毛球，或是单独在边界处进行肢体锻炼、凝思等，那些随意摆放的石凳子十分受欢迎，几乎坐满。有一些小孩在长廊嬉戏，据观察，此处为小孩们仅有的游乐空间。

晚上时段 19:00-21:00，城中村各出入口人流量较大，行人各年龄阶段都有，数量最多是青年人和中年人，其比例基本相等，由于城中村街道边的商铺很多，夜市的时候很多店铺会把座椅摆到户外，造成一定的交通堵塞，但同时也为城中村增添了不少生活气息。这时反而老人活动中心居民很少，里面没有照明，老人只能自带台灯为下棋照明。

通过调研，从柱状图（图 3.3.3）可以明显看出，各出入口晚上基本是人流聚集的旺地，而具备活动功能性的老人活动中心却人烟稀少，这和地域商业照明有一定的关系，A、B、C 出口处商铺云集，灯火通明，人们更愿意停留，而老人活动中心由于灯光匮乏，人流逗留的时间主要集中在下午，根据这一特点，改造空间时对灯光照明的设置要进行充分的考虑。

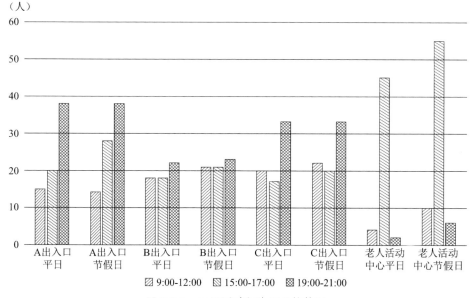

图 3.3.3　居民活动行为记录柱状图

（2）个体影响因素分析

根据城中村中居民的行为习惯，由于个人因素特点的不同，行为也有所区别，按性别来划分：男性多为独自行动，多数在店铺门口的座椅停留或查看手机；而女性则喜欢三五同行，到绿荫底下聊天，带小孩玩耍，对私密性空间的需求要比男性高。按年龄来划分：小孩由于没有专门的活动空间，会在荒废的泥土地上玩耍，寻找乐趣；青年人多在商铺或杂货店打麻将或聊天；老人的活动行为为静坐、下棋，以及散步。因此，在做空间设计时充分考虑个体因素需求是很有必要的。

（3）区域停留特点因素分析

通过观察得出，人们停留的空间主要分为复义型停留空间和单义型停留空间，复义型停留空间主要体现在街道上，人们进行停留的行为方式主要为休息、等候、聊天等，与周边的构筑物产生互动，而这些构筑物并没有特定的停留意义。例如，人们会背靠在电灯柱和栏杆处，蹲坐在商铺前的楼梯处，以及坐在一些防护栏上，这些地方多为有屋檐遮盖的阴凉处，因此可以在人停留多的区域有意识地建立一些非固定停留意义的构筑物，形成遮阳、围合的空间，让人们可以在该处产生静态行为。单义型停留空间主要指的是有计划地赋予独立功能意义的地方。例如，老人公园内设置的长凳、用石头围成的座椅等，都是经过设计特意提供给人们停留的，因此在这些特定意义的空间里应该根据人们的行为特性给予合理的行为指引以及空间功能分配。

三、环境行为理论下的公共空间再生改造策略

1. 以平行开发与保护关系进行社区营造

（1）空间风貌控制原则

城中村的建筑主要以新建的出租屋、传统民居或纪念性建筑为主，如何在传统空间与现代空间中寻找结合点，让其成为宜居的社区空间是城中村改造的重点之一。笔者对多个城中村进行公共空间分析，以其中广州长湴村分析图（图3.3.4）为例，从图中不难发现，在长湴村内部的公共空间中没有较为宽敞的街道通过。从居民环境行为心理分析，如果没有宽敞的街道贯穿，这种密集的居住环境中会形成一种压迫感，再加上没有合理植入调节性的活动公共空间，导致居民没有得到放松的愉悦感。如果大拆大改地强加建设，工期长，而且拆除原本还没有到使用年限的建筑会造成社会资源浪费，因此以微改造为总体指引的设计策略最为合理，应在保护好现有的建筑关系的同时，找到平衡点，合理进行开发，植入公共空间。

控制城中村的空间风貌应该从两个方面着手：第一，维护旧民居建筑，改造新居住建筑。对旧民居建筑应该进行适当的修复维护，将其打造成为历史文化传播根基点，而新居住建筑要重点将其改造成符合人们现代化生活需求的地方。第二，挖掘闲置空间，城中村建筑密集，基本都缺乏功能合理的公共空间规划，因此，闲置的空地、荒废的地皮、未活化的天台等碎片空间都应该有计划地盘活起来，植入新功能，让其成为社区公共空间的重要组成部分。

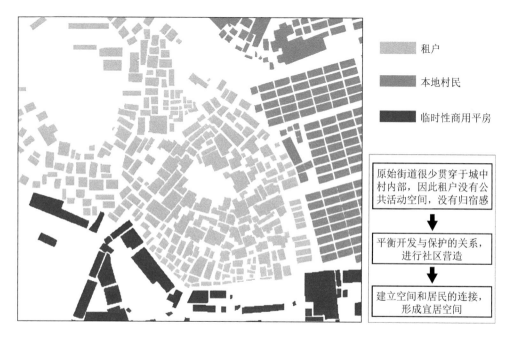

图 3.3.4　长湴村新旧建筑以及居民属性分析图

（2）空间尺度原则

参考芦原义信《外部空间设计》一书，建筑高度（H）与街道宽度（D）之间的比例决定了空间的质量，而其中 D/H=1 是空间较为适宜和均衡的尺度。笔者选取广州长湴村，进行具体分析。长湴村自建民居高度大部分在 16～18m，各种宽度的街道和巷道根据其分布，可大致分为三个层级，一级街道现属于比较宽敞的主要干道，二级街道是基础街道，主要是一些村内街道，而三级街道则主要存在于居住区内各建筑之间的巷道。通过测量这些街道宽度，计算村内建筑高度与街道宽度比（D/H），不难发现，长湴村内各级街道都未达到舒适的空间感受，分析如图 3.3.5 所示。因此，我们对于城中村内公共街道的改造，应注重空间尺度原则，如一些居住区人流量大的街道，可通过非承重墙体内移，将从三级街道升级到二级街道。同时，社区主要入口的设计则可通过加宽通道改造，从而达到三级街道到二级街道的升级。

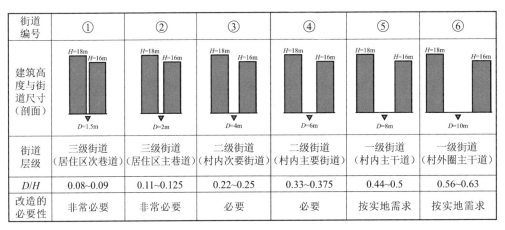

街道编号	①	②	③	④	⑤	⑥
建筑高度与街道尺寸（剖面）	H=18m H=16m D=1.5m	H=18m H=16m D=2m	H=18m H=16m D=4m	H=18m H=16m D=6m	H=18m H=16m D=8m	H=18m H=16m D=10m
街道层级	三级街道（居住区次巷道）	三级街道（居住区主巷道）	二级街道（村内次要街道）	二级街道（村内主要街道）	一级街道（村内主干道）	一级街道（村外圈主干道）
D/H	0.08~0.09	0.11~0.125	0.22~0.25	0.33~0.375	0.44~0.5	0.56~0.63
改造的必要性	非常必要	非常必要	必要	必要	按实地需求	按实地需求

图 3.3.5　不同尺度街道的改造分析

2. 完善社区公共空间

（1）社区街道界面设计原则

经笔者访谈调研，长湴村只有几条大街能很容易被区分出来，其他的道路几乎无法形成记忆点，整个居住区域没有明确的标识，连快递员都表示很难找到门牌号，更多时候只能存放在快递点进行派发，因此通过社区街道的界面进行社区划分，能准确辨别出社区脉络，同时加深大脑对空间的认知，产生可控感，增加居民的安全感。长湴村现存的街道界面主要有商铺标识、地面指引两大方面，商铺标识的主要功能如图 3.3.6 所示，其一是把客人直接引入店内消费，其二是能够把客人引入某些不易发现的区域消费，例如二楼，或者是内部道路的商铺等，从而增加了不临街空间的商业性质。而商铺标识的形式主要分成三种（图 3.3.7），第一种是住宅楼下的商铺门头，这种形式在城中村用得最多；第二种是悬挑式的招牌，这种招牌通常会延伸到外面，方便远处的人看见，但是这种形式往往运用在城中村拥挤的街道上方，质量不过硬的招牌会埋下一定的安全隐患；第三种是楼梯招牌，由于长湴村的地势是不平整的，加上排水系统不完善，很多自建户主把地势抬高，形成了商铺前的楼梯，这时楼梯可以做成和店铺匹配的品牌色或者花样，也可以吸引来一定的客流量。另外，地面的指引可以通过地面颜色区分，也可以通过地面图案、地势高低区分，对行人起到准确的指引作用（图 3.3.8）。社区的界面形成准确的区分和引导，不但是对公共空间的界面整治，更会对居民心情产生正向的影响。

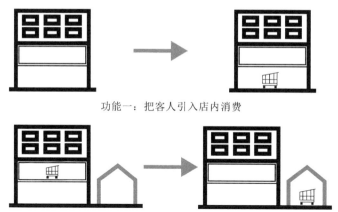

功能一：把客人引入店内消费

功能二：把客人引入某些不易发现的区域消费

图 3.3.6 商铺标识的功能

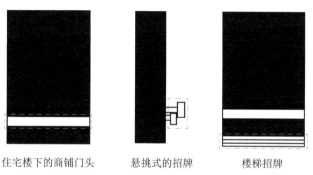

住宅楼下的商铺门头　　悬挑式的招牌　　楼梯招牌

图 3.3.7 商铺标识形式类型

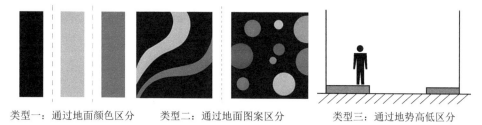

类型一：通过地面颜色区分　　类型二：通过地面图案区分　　类型三：通过地势高低区分

图 3.3.8 地面的指引形式

（2）建筑内植入社区公共空间

城中村的建筑拥挤，违章抢建情况严重，在地皮如此贫乏的环境中，社区公共服务空间要在平地选址确实困难，因此可以选择在建筑内部租借空间的形式，实现完善的公共服务空间，植入空间的方式主要为四种（图 3.3.9）。类型一：叠加式植入社区公共空间，通过在建筑内部租借其中一层，改建成居民需求的公共交往休闲空间，内置式的空间不受日光环境的影响，任何时候人们都能入内进行活动交流。

类型二：悬浮式植入社区公共空间，选择在某些楼梯相对的建筑之间植入一条连廊，形成悬浮式的空间，这种类型的空间能形成空中连廊，适合在通道相对广阔处进行，太窄的楼距，连廊的效果不强，空间也比较拥挤，实用功能不够。类型三：并置式植入社区公共空间，选择一些地基较稳固、靠街道且非承重墙的建筑墙体往内移，主要以承重柱作为支撑，把公共空间置入其中，这样能融入更多的人流量，使某些二级街道开拓成一级街道，同时该空间属于有遮盖的形式，受外界环境影响较少，具备了很好的社区交往活动条件。类型四：角落式植入社交公共空间，建筑底层或者顶层的角落往往是人流互动的交集节点，通过社区公共空间的植入，顺势让其成为人们交往的汇集地是其中一个很好的策略。

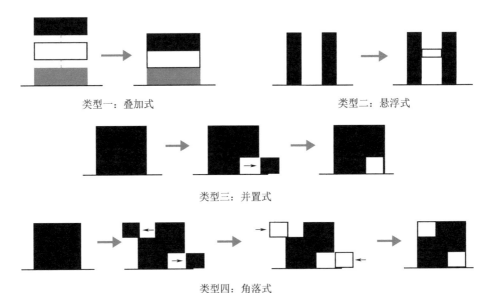

类型一：叠加式　　　　　　　　　　　　类型二：悬浮式

类型三：并置式

类型四：角落式

图 3.3.9　社区公共空间植入的方式

（3）合理交通网络连接的分区改造

公共空间网络通常容纳了"活动空间""社会空间"以及道路系统，街道作为网络连接整个城市区块里的基本公共空间。需要把道路分级系统引入网格中，给予空间更明确的指引，因此某些主干道将被设计或指定承担更多的交通流量，在条件允许的情况下让某些拥挤空间把底层建筑墙体往后退，形成适宜的交通脉络。道路层级的划分只有在单一行进的状态下才能根据人流量、交通流量进行合适的区分，而现实交通系统的运动形式往往是叠加的，因此在设计时可适当排除选择机会，取消某些不必要的交通连接，减少某些低级道路系统流量，这种限定离散领域的方式有助于对道路网格的识别，同时可以营造居民的社区感和安全感，形成相对独立的区块。另外，要以块状开发的形式把地块公共空间的属性有计划地进行统筹划分，主干道的街道景观以及公共空间的利用率要加强，街道两旁的建筑开发和使用的加大，让居民穿越、看见并能记住空间的形态，在脑海里形成相对稳定的意象，增加参与公共空间活动的兴趣。

由于城中村出租屋拥挤，人口庞大，通过居民行为的观察，对该区域进行分区管理还是很有必要的。根据行为关系学的相关理论，人们有"抄近路"的习惯，针对城中村主要交通街道进行分区划分，合理地规划人流量，把该空间体量较大的城中村划分为几大板块，并通过在区域间开辟人行道等方式来优化城中村的交通步行系统，对不同区域的生活配套、景观等资源进行有效连接，最大限度地利用好城中村的各种空间。

（4）社区视觉识别系统设计

大部分城中村现存的条件环境比较恶劣，内部街道昏暗，没有明显的视觉识别标识，严重影响着居民的行动效率和公共活动进行。根据人们的视知觉理论，应该引入合适的视觉引导，重新规划该空间的界面。第一，道路和建筑立面颜色要统一，通过大色块让整个空间的视觉辨识度提高，从而加强居民对空间的认知（图3.3.10、图3.3.11）。第二，在建筑底部增加照明，明朗的视觉效果让视觉识别系统更明显，同时人们具有趋光性，光明的空间会增加居民的安全感。第三，区域号码和门牌号码等在形状上要具有辨识度，达到图示化的效果。第四，符号和提示语的所处界面位置要统一，应放置在最佳观看处。

图 3.3.10　通过不同颜色区分不同区域内部街道

长湴村原始内部巷道　　　　　　　　　改造后的内部巷道示意图

图 3.3.11　内部巷道改造前后对比

（5）社区公共服务细化

大部分城中村土地资源匮乏，违章建筑没有约束地占用公共空间，因此对于城中村现有的主要公共空间，应在各区域开辟道路连接至该主要公共空间，提高城中村现有公共空间的利用效率。而底层的出租屋潮湿且不见阳光，要开辟出合理的主干道，就必须合理地选择部分建筑一层的空间将其改造成公共道路，以后退非承重墙体的做法来进行。同时，通过利益的合理抵消，占用一层空间的建筑，顶层将改造成商业空间出租出去，形成良性经济改造。城中村建筑的天台空间同样尽可能合理地运用，同时植入各类公共服务空间，包括小餐馆、小酒吧、公共活动区、书吧等。

（6）合理改造公共楼梯

城中村内每栋民居建筑一般有一个占地面积 $10m^2$ 的楼梯贯穿至楼顶，而城市中的小区建筑，其占地面积一般每 $400m^2$ 左右共用一个楼梯，因此，以同样的思考方式，公共楼梯是否可以尝试两栋（或以上）建筑共用一个楼梯空间，假设在 1 号楼和 2 号楼这两栋建筑之间建立起连廊，由 1 号楼楼梯担任这两栋楼房的主要通道，而每层都通过连廊的形式进行连接，那么每层将会空出 $10m^2$ 的楼梯空间，而这腾空出来的楼梯间将以玻璃平铺地面为主，把天台的采光引入每层，增加建筑内部的采光，同时引入大量的绿植，让空间清新宜居。天台或其中一层可以选择出租，形成公共服务区域，尽可能地使空间得到合理的利用（图3.3.12）。

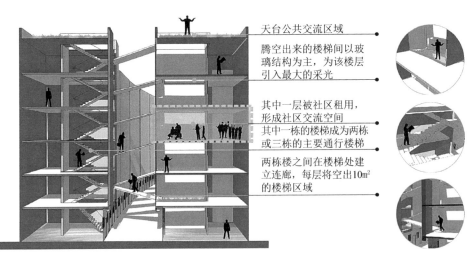

天台公共交流区域

腾空出来的楼梯间以玻璃结构为主，为该楼层引入最大的采光

其中一层被社区租用，形成社区交流空间
其中一栋的楼梯成为两栋或三栋的主要通行楼梯

两栋楼之间在楼梯处建立连廊，每层将空出$10m^2$的楼梯区域

图 3.3.12　楼梯改造示意图

3. 依据人的行为需求对公共空间合理改造

（1）重点打造意象节点

通过调研总结得出，城中村的居民印象比较深刻的是村中定位较清晰的空间节

点，如祠堂和活动中心等，其中很多空间的要素没有经过设计，人们只是将就使用，没有得到很好的公共空间环境体验，同时出租屋居住区内部建筑繁密，根本没有一个意象节点，这成了城中村居住区难识别的原因之一。通过对城中村空间节点的合理打造，提供给人们更好的交往平台，活跃社区生活，营造出公共意象清晰的社区空间。

（2）空间功能设置明确

在城中村中挖掘不同区域的公共空间，并赋予其各自特有的功能属性，这样有利于增加城中村中各区域的易识别性，同时满足不同人们的功能需求。例如城中村村口的公共空间位置应该设定为引导作用，将村落的民俗文化、历史文化元素与空间设计结合，使该处的公共空间给人们带来"唤醒"的心理启示。在城中村中存在着见证村落历史发展的文化产物，例如种植在村口或活动空地的古树，这些区域往往是村民进行公共活动的重要区域。然而由于村落经历多年的城市化发展，这些区域周边大多已经成了以平房形式经营的服务区，只留下了古树的风貌和周边一些功能不完善的水泥地。这里应该进行适宜的环境规划，让植物、人、建筑形成一个良性交往的公共环境。另外一些历史建筑前的公共空间，由于缺乏管理，也没有赋予其一定的功能作用，所以成了车辆乱停乱放的场所或是杂物堆放的区域。这些在城中村中具有标志性的文化建筑前的公共空间，应该更好地被利用和保护，在门前空间引入参与性界面，形成良好的文化展示区，促进居民的交流（表3.3.5）。

不同功能的场所空间营造 表3.3.5

空间	场地	主题	行为关系理论	情节	吸引人的标志
空间一	村口	迎客廊	唤醒	暗示与引导、悬念铺设	门廊、红色、圆形、蔓延的曲线
空间二	老榕树	榕与"融"	适应环境应激	平缓过渡、建立连接	交融的平面空间规划、榕树、植物、传统建筑、构筑物
空间三	祠堂	百鸟归巢	行为约束	神秘、层层深入、归属感	象形鸟形成的门廊、圆形地面铺装
空间四	活动中心	活力天地	活化场所	兴趣与活动共享	有计划性的活动场所规划、圆形交流区
空间五	中心公园	醒来的"圆"林	适宜环境负荷	高潮、兴奋	以圆形的形状构建出交流公共空间
空间六	停车场	起航	目的性	平缓输出	交通必要枢纽

（3）保留本土有价值的视觉元素

城中村在发展过程中，所有的民居出租屋的建设都源于村民的自发性，没有经历过整体规划和审美的考虑，而且有些村里的文化元素已经被彻底拆除，环境中水泥、混凝土过多且缺乏视觉聚焦功能，从而导致人们对空间枯燥、单调的心理感受。

对视觉设计的关键点确立在以下几个方面：第一，通过本土元素美化空间。在设置场景中视觉符号元素的时候，要从美学的角度进行考虑。空间是一个三维立体的环境，人们在场景中移动，眼前会随着步行变化得不一样，这种多样性丰富了视觉空间。第二，设计师应该结合格式塔理论以及色彩概论进行设计，提高环境的美化质量。中国传统园林景观具有移步换景的建园特色，今天运用到城中村的改造中也是很适合的，空间与视觉的关系本身就不是一个固定的状态，因此在视觉设计中应层层递进，让空间更富有趣味性，达到一定的唤醒作用。笔者以广州长㴔村为例，作设计尝试（图 3.3.13）。

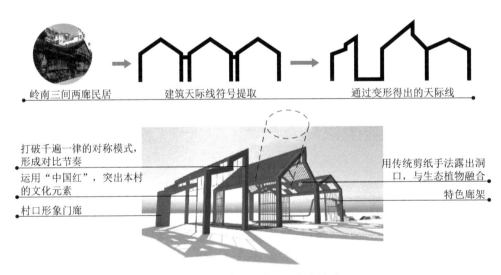

岭南三间两廊民居　　建筑天际线符号提取　　通过变形得出的天际线

打破千遍一律的对称模式，形成对比节奏

运用"中国红"，突出本村的文化元素

村口形象门廊

用传统剪纸手法露出洞口，与生态植物融合

特色廊架

图 3.3.13　村口区域的迎客廊设计

4. 重视地方文化的再生改造

（1）情感记忆的传递

关于城中村现存的情感记忆主要有三大类。第一类是历史记忆，主要包括宗祠记忆和红色革命记忆。第二类是城市发展进程中自我创造精神价值的记忆，村中的居民包括大量的外来人口，都是艰苦奋斗到城市打拼的精神文化代表，他们在这座城市中留下了拼搏的身影，到处都有他们的成长血汗。第三类是社交情感，主要存在于邻里之间的情谊以及血缘社交，由于出门在外，对于老乡的这种亲缘情感会加深。应该在空间中融入更多暗示与引导，把带有记忆特点的符号进行提炼，融入改造设计中，通过传统符号在空间载体中的运用得以传递情感，结合促进设计活动的场景设定，激活记忆情感，加强人与空间的情感交流。

（2）地方历史文化的延续

城中村作为多元文化交汇点，融合了传统与现代、本土与外来文化，成为城市发展中具有一定特色文化的区域，其保留的历史独特环境及人文特质构成城市化中的重要文化维系。通过分析城中村的景观、符号、文本和情感认知，可深化理解并塑造具有强烈个性的文化空间，促进居民的归属感与正面行为。维护良好的文化环境，如小花园与垃圾池对比，不仅传承文化，还积极引导居民行为向好，彰显文化建设对提升社区文明的重要性。笔者以广州长湴村为例，做以下设计尝试，如表3.3.6所示。

长湴村闲置空地改造前后对比图　　　　表 3.3.6

改造前	改造后

第四节　基于环境行为理论的城中村空间再生性改造设计实践

通过对长湴村整体的综合性分析，笔者此次设计实践主要侧重于长湴村内 B 区以及 B 区周边的公共节点的改造设计。B 区以中部一块空地为中心，向外发散，整个区域密集地建满了建筑群，区别于交通、商业便利的 A 区，相比 C 区、D 区的规整度和完整度而言，整个区域布局混乱，配套设施较差。

一、区域整体规划及提升

1. 区域规划布局

城中村多元化的人口结构决定了其特殊性，同时也见证了城市建设变迁的发展。通过研究城中村的历史文化和空间脉络，更懂得了其特殊和宝贵的地方。笔者对广州长湴村的再生设计以微改造为主要方式，基于人们的行为习惯以及需求去提升社区环境，同时设计过程也强调保护好文化。根据长湴村居民的调研结果，适当地设置六大公共空间类型：村口形象区、老榕树交流区、文化传承区（祠堂）、活动中心、中心公园、屋顶花园。设计选区都是利用原来居民习惯的记忆停留点，以及一些荒废的区域，在不改变人们的行为习惯的前提下，对空间路线进行规划和深化，并适当调整道路的宽度比例进行引流和控流，整体提升社区环境（图 3.4.1）。

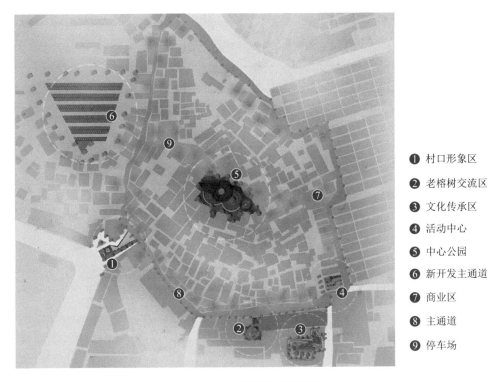

❶ 村口形象区

❷ 老榕树交流区

❸ 文化传承区

❹ 活动中心

❺ 中心公园

❻ 新开发主通道

❼ 商业区

❽ 主通道

❾ 停车场

图 3.4.1　区域规划总平面图

2. 区域内道路升级

长湴村的路线主要有两种，分别是主街道路线以及内部空间的巷道。笔者根据其道路的尺度把 6～10m 宽的街道称为一级街道，而 3～5m 宽的街道称为二级街道，1～2m 宽的街道称为三级街道。拆除长湴村的主街道店铺前面台阶，其宽度可达 8～10m，属于较宽敞的道路，能容纳较大的人流量。但是居住区内部巷道大部分只有 1～3m 宽，加上杂物胡乱放置，有的甚至仅仅有 1.5m 允许人流通过。因此结合社区细分的策略，把社区分成四个小区域，每个区域之间的内部道路升级为二级街道。路线要结合人流量去具体设置，更好地结合人们的行为习惯，体现以人为本的准则，区域道路升级后的村内道路规划如图 3.4.2 所示。

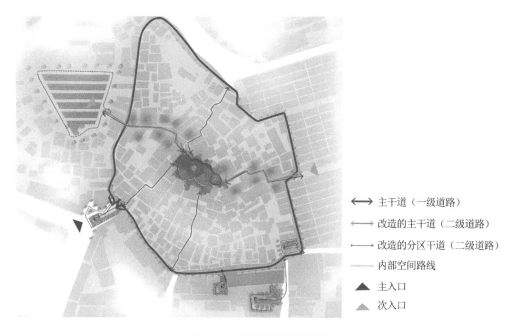

主干道（一级道路）
改造的主干道（二级道路）
改造的分区干道（二级道路）
内部空间路线
主入口
次入口

图 3.4.2　道路升级分析图

3. 区域内功能分区提升

新规划的功能分区共为九大区域：村口区域、文化传承区域、老榕树交流区域、活动中心区域、屋顶花园区域、中心公园区域、街道空间区域、商业服务区域以及停车场区域。从中心公园连接到停车场区域，让整条街道有了终点功能设置，空间有了目的性，提高了整条街的期盼值，而且能够解决社区居民以及其他游客的停车需求。村口的迎客廊加深了人们对长滘村的印象，对整个社区起到引导的作用。各公共区域功能，能满足不同人群的需求，屋顶花园植入了商业服务区，满足了居民的生活需求，开阔了居民的视野（图 3.4.3）。

改变长滘村原有单纯的密集居住建筑群，植入公共活动空间，包括一条加宽的连接中心公园通往停车场的街道以及整片区都是绿植的中心公园，原始的巷道无法满足大人流量的通行，加宽后让整个社区的连接更紧密，通行更加方便，同时周边的公共空间功能更明确，分区更细，足够满足人们大部分的需求（图 3.4.4）。

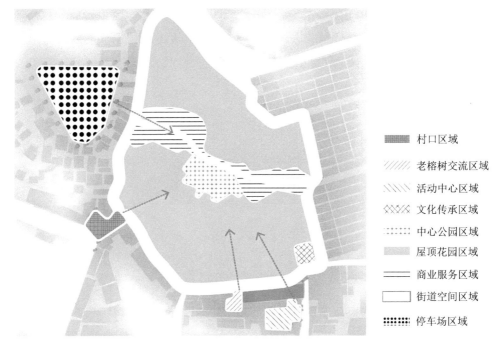

村口区域

老榕树交流区域

活动中心区域

文化传承区域

中心公园区域

屋顶花园区域

商业服务区域

街道空间区域

停车场区域

图 3.4.3　功能区域分析图

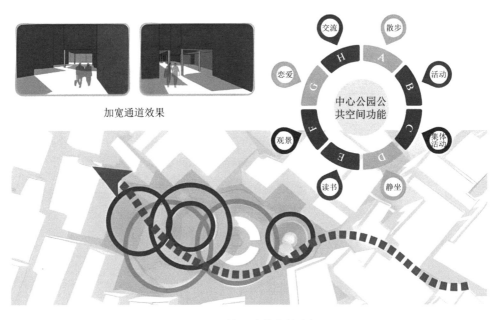

加宽通道效果

图 3.4.4　植入公共交流空间

　　长㴖村的业态本身比较丰富，由于开辟了一条新通道，空中花园也计划植入一些新的商业空间，重新规划三大商业区，包括美食休闲区、购物区和娱乐。餐饮类空间主要设立在连通中心公园的通道附近，这里的视野好，景观通过中心公园得到了很大的提升，人流量也较大，因此适合设置美食休闲区；街道连接中心公园中部，这里与居住空间连接紧密，因此可设置购物类商业区域；入口处以及挨近停车场的区域，交通方便，因此植入一些娱乐功能（图 3.4.5）。

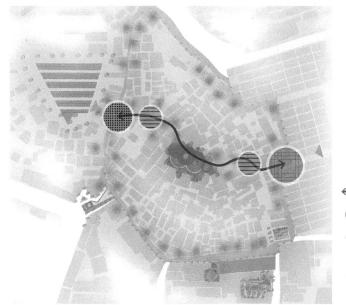

→← 改造的主干道（二级道路）

⬤ 美食休闲区

⬤ 商业购物区

⬤ 娱乐休闲区

⬤ 社区基础服务区

▲ 次入口

图 3.4.5　业态规划提升分析

二、长㳆村公共空间节点设计

在长㳆村原有的一条闭环式的通道引入六个公共空间节点，让人流贯穿整个城中村，并且把人流吸引到内部空间，打通了社区结构，这六个公共空间主要包括村口形象区、老榕树交流区、文化传承区（祠堂）、活动中心、屋顶花园、中心公园。各个空间连接紧密，而且通过交通疏导设计，通行便利，线路途经的风景节点丰富，符合人们的观赏习惯（图 3.4.6）。

1. 村口形象区

村口形象区是进入城中村最先看到的景观节点，原场地是车辆出入的关卡，周边的建筑多为临时搭建在路边的铁皮平房，以及用来堆放垃圾的空置区域，之后进入居住区，环境规划不完善。村口形象区的主要作用是让进入长㳆村的人对其形成一个初步的整体印象，该区域是长㳆村离地铁口最近的一处出口，因此将其规划成为主要出入口（图 3.4.7）。

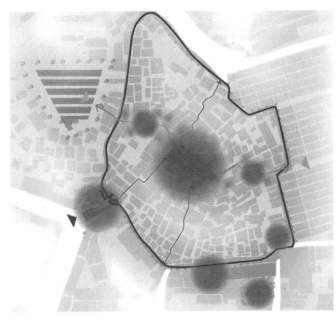

图 3.4.6 设计节点示意图

主干道（一级道路）
改造的主干道（二级道路）
改造的分区干道（二级道路）
设计节点
主入口
次入口

红丝带形成联动

互动地坪

可移动座凳

图 3.4.7 村口形象区平面规划

通过结合传统岭南三间两廊结构的建筑，把其外框架造型保留下来，整体设计成为一个廊道的形式（图3.4.8）。设计注入红色的元素，让整个空间能够很好地展示长滘村红色革命文化，通过钢架的材质隐喻外来劳动人民勤奋努力的坚毅品质。迎客廊道结合圆形的镂空，很好地把植物置入其中，实现了人、自然与构筑物的相互融合，紧接着后面以一条钢架红色丝带形成座椅，可供人们交流，人们与社区环境形成初步的互动性，同时让主干道更明确，给人印象深刻（图 3.4.9）。

图 3.4.8 村口形象区效果图

图 3.4.9 村口门廊各角度效果图

2. 老榕树交流区

在城市化进程中，虽然长淕村旧的村落建筑、田地等都已经成为过去式，然而一棵枝繁叶茂的老榕树却依然在茁壮成长。原始的榕树区域周边没有设置任何功能，而且遮挡性强，其文化意义非常大，居民们以此为社交的主要场所。每天都会聚集居民在此聊天，由于树下阴凉，小孩喜欢在该处追逐玩耍，形成了一个很好的公共交往空间。在保留原来特色的前提下，对此村落空间进行了改造设计，该空间印象符号强，意象引导性高（图3.4.10）。

图3.4.10 老榕树交流区设计分析

在入口引入了抽象化的树叶构筑物，吸引人的注意，绿色的大榕树有着得天独厚的大自然情怀，而且历史悠久，因此在不动榕树根基位置的前提之下，以"年轮"绕古树的理念形成一个非闭合性环状的空间规划。围绕着榕树周围的是长条状的休闲座椅，可供人们进行阅读、休闲、聊天等静态行为，环绕的小石头小道，可供人们动态地散步、游走，周边绿植充裕，景观优美，并设置了边界休息区，隐私度相对高一些，兼具公共与私密空间的功能（图3.4.11、图3.4.12）。

图 3.4.11 老榕树交流区鸟瞰图

图 3.4.12 老榕树交流区各角度效果图

3. 文化传承区

长滧村的祠堂保留完整，但是没有很好地利用起来，一般就是原村民空闲时在里面打牌或者休闲娱乐、聊天。祠堂前有一块空地，面积为 479m²，由于人车没有进行分流，这块区域成了车辆乱停乱放之处，但是该区域地理位置较好，属于主干道必经的转折点，人流量大，再加上周边还有长滧市场等生活服务空间，具有得天独厚的优势（图 3.4.13）。

重新修建祠堂建筑前的空地，形成参与性界面，实现将开放性院落置入建筑内部，形成新的记忆节点空间，文化传承区主要分成三大区域。文化长廊：祠堂是村民的根，百鸟归巢寻找的就是自己的根，因此提炼出的简体纸鸟，以钢铁材质呈现，"百鸟"的形式组合成为连廊的参与性界面。互动花池座椅：根据人们的行为心理，边界花池往往是人们喜欢的停留、休憩的区域。祠堂建筑：建筑内部的传统元素、建筑图样都是村落值得传承推广的文化，因此应该植入一些社区活动，让人们可以在参与过程中对长湴村了解更多，增加社区的凝聚力（图 3.4.14）。

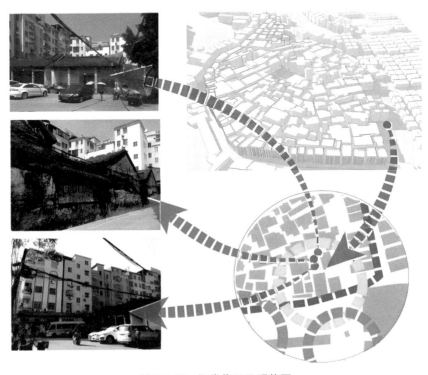

图 3.4.13　祠堂位置及现状图

图 3.4.14　文化传承区效果图

4. 活动中心

长涩村靠近另一出口区域有一处不完善的活动中心，占地面积 0.18 公顷，针对场地现状按人群分类挖掘居民需求，对该区域进行功能优化，加入多个功能区域（图 3.4.15、图 3.4.16）。

① 边界座椅
② 圆形交流区
③ 流线活动区
④ 沙地滑梯活动区
⑤ 滑梯
⑥ 环园跑道
⑦ 植物配置
⑧ 老人下棋活动区
⑨ 儿童游玩区

图 3.4.15　活动中心总平面图

图 3.4.16　活动中心设计效果图

儿童活动区：原场地没有儿童活动区域，布局不明朗，没有有计划的场地区分，因此以"圆满"的符号设计了儿童沙池、滑梯、秋千等圆形的设备；沙池滑梯活动区运用简洁的线条，和园区设计风格统一，滑梯建立在人造山坡上，增加上下联动性。

老人活动区：经过观察记录，老人的活动行为习惯多为静坐、下棋，以及散步，因此特意设置了下棋的座椅和散步道路，添加适当的绿植，以增加活动区域的舒适感，同时美化环境。

青年活动区：原场地没有设置体能锻炼、慢跑道路和游戏洽谈区域，因此以圆的元素重新给场地注入活力，形成新的互动空间。适当增加环园跑道，弥补社区慢跑空间的不足，建立社区配套的活动场地。周边设置边缘座椅，符合部分人群的私密需求。

以上活动中心的各区域效果图见表 3.4.1。

活动中心各区域效果图   表 3.4.1

各功能区	改造后空间效果图
儿童活动区	
老人活动区	
青年活动区	

5. 屋顶花园

屋顶花园是根据长涨村原来的自建房区的屋顶空间改建而成的，通过整体规划，有计划地在屋顶植入商业区、生活服务区以及绿化景观。由于建筑基础是村民自建房，每栋都有自己独有的空间，可以通过连廊连接顶层空间，让整个屋顶区域都能互相通行。由于每栋建筑的层高不一样，基本在 16 ～ 18m 之间，这种高低错落感能够形成视觉趣味，让空间更有层次。由于开通了中心公园的主通道，人流量较多，楼下景观较好，因此在主通道两旁的建筑置入商业区，增加空间的利用率，促进经济发展。而生活服务区将会设置在每个细分小社区的屋顶，包括健身区、洗衣房、文化展示区等空间。大部分的区域都结合绿化景观，充分满足人们亲近大自然的渴望，丰富了视野，补足了整个社区的功能需求（图 3.4.17）。

图 3.4.17　屋顶花园置入各种公共需求空间

6. 中心公园

中心公园的原址是一块荒废地皮，处于整个居民出租屋的中心地段，如果能够利用好这块区域，将可以把整个居民社区联动起来，可惜该处无人问津，杂草丛生。整块荒废地皮占地面积 0.31 公顷，现把它规划成一个社区活动的绿化中心，整个活动功能包括观景连廊、交流阶梯、圆形交流中心、散步道路、圆环空中花园，还有相对保护隐私、绿植环绕梁柱的景观区域，公园主要以钢筋水泥支架形式对空间进行建造。观景连廊以曲线形式连通多个圆形交流中心，周边用灌木和乔木搭配形成景观，对周边的居民隐私有一定的分隔、遮挡和保护作用，而且还丰富了整个园区；圆环交流中心可容纳集体性交流活动，一些户外型的社区活动也可以在此进行；园区分为两层，二层是圆环空中花园，既能给居民窗外带来绿色的视野，又能让人们多层次地享受和绿植草地的接触；用5m宽的铁架楼梯把上下结合起来，同时还提供给人们很好的停歇、交流的空间。整个园区既拥有开放性的视野，也尊重了居民的私密性，多层次深度融合，形成很好的体验空间（图3.4.18～图3.4.20）。

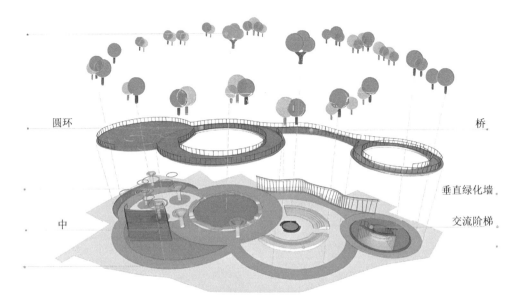

图3.4.18　中心公园空间整体布局图

图3.4.19　中心公园空间效果图

图 3.4.20　观景连廊效果图

小　结

　　我国城中村改造实践已积累多样的案例经验，其中，大规模拆建作为一种常见模式，虽能迅速使城中村的外观融入城市景观，却遗憾地抹去了其独特的历史文化痕迹，此法显然与城市可持续发展理念相悖。因此，寻求城乡文化兼容并蓄的路径显得尤为迫切，而"微改造"理念以其细腻入微、尊重原貌的特点，日益成为城中村更新的优选策略。

　　本章探讨了城中村公共空间的人性化改造设计，结合环境行为学理论与实证研究。广州，作为岭南经济的领跑者，其市民对新观念、新文化的吸纳能力强，这种开放氛围自然渗透至城中村，影响着众多外来常住人口。深入探究这一群体的行为习惯，对于设计符合城中村居民需求的公共空间改造方案至关重要。通过对广州长湴村进行调研及设计实践，强调了"微改造"与以人为本的设计思路，提出三大改造策略：平行开发与保护并重的社区营造；依据居民行为需求的公共空间优化；强化地方文化特色。系统性地总结促进人与空间和谐共生的设计手法，旨在实现既有文化底蕴又具活力的再生空间愿景，为全国范围内的城中村改造提供一个兼顾包容性与均衡发展的策略蓝本。

第四章

有机更新理念下城中村公共空间再生性改造研究

"城中村现象"是我国现代城市化进程中出现的特殊现象，自 20 世纪 90 年代起，我国的工业化与产业化进入提速阶段，城市化进程亦随之加速。如今，国内的城市发展已经过渡到旧城更新多于新城建设的阶段。城中村的存在严重挤压了城市空间，对城市景观造成了负面影响。然而，在市场因素的影响下，随着土地征用成本的越发高昂，以往城市更新实践中"大拆大建"的改造模式已无法被复制，城中村改造面临着进退两难的局面。可以预见，对于我国大部分城市而言，城中村将与城市长期并存。

第一节　有机更新理念与城中村微改造

一、有机更新理念

1. 有机更新理念概述

"有机"原为生物学中的概念，其理论经过不断的演变，被广泛运用于各个领域中，具有整体、和谐、协调发展的思想内涵。将"有机"概念引入城市更新中，可将城市看作一个承载着千百万人生活与工作的有机体，构成城市整体的城市细胞总处于相互联系、新陈代谢的过程中。

旧城更新是人们对待传统事物与现代城市文明交融的建设过程，新中国成立以来的大部分城市更新活动受条件所限，导致被改造区域原本的传统文化、城市肌理、社会网络未得到充分继承。吴良镛院士基于对中西方城市发展历史与规划理论的研究，结合我国城市发展的具体情况，并对北京旧城更新改造项目进行经验总结，提出了城市有机更新理论。其内容为"按照城市发展规律，顺应城市发展肌理，在可持续发展的基础上，采取适当规模、适合尺度，依据具体改造内容和要求，妥善处理现在与将来的关系，并使每一片区域的发展达到相对的完整性，由此促进人居环境的和谐发展。"①

2. 有机更新理念的原则

城中村改造是城市更新的重要内容，为了从延续生态环境、地域文化、社会网络的完整性出发，化解城中村与城市的矛盾，有必要利用有机更新理念提出的几点原则指导城中村微改造的实践。

① 吴良镛.北京旧城与菊儿胡同［M］.北京：中国建筑工业出版社，1994：57–63.

其一，整体性更新原则。指规划设计需要整体提高区域内的人居环境质量，同时又需遵循区域发展的历史脉络，保持区域城市肌理的完整，避免传统社会网络的断裂。

其二，延续性更新原则。指城中村的长期存在形成了其独特的社会网络与生活传统，在规划设计过程中需保持其相对的延续性，即统筹城中村发展过去、现在、未来的关系，体现社会效益、经济效益、生态效益三方结合的基本要求。

其三，阶段性更新原则。指遵循"调查民意，试点先行，逐步推进"的理念，在原区域城市肌理上挑选有改造价值的节点，对城中村社区内的交通网络进行梳理，最后对利用率低的、破旧的区域进行再设计，达到"点、线、面"相结合的连锁空间效应。

二、城中村的微改造

笔者认为，对于城中村而言，微改造是一种针对其内环境问题的"微创手术"，对于城市更新的存量时代建设具有适配性。基于使用者对城中村社区空间的日常性功能需求，通过插入式、渐进式的手法解决城中村环境品质下降、空间秩序混乱等问题，恢复城中村社区空间的功能和活力。结合微改造的手法针对城中村内中小型空间、利用率低下的空间，进行功能更新、空间功能复合化、空间利用率优化等改造。借助对中小型空间的改造持续性推进改造项目，以达到"以点带面"的辐射式改造目的。

1. 微改造的方法与途径

一方面，微改造区别于"大拆大建"的改造模式，在尽可能地保留原本建构的情况下，基于"城市针灸"理念，挑选产生负面因素、不友好的空间进行"具体问题具体分析"的再设计，并使其重新焕发区域多样性及空间价值。另一方面，微改造区别于"刻板复制"的改造模式，通过对需改造区域进行深入研究，提炼当地传统文化中的设计语汇、象征符号，运用现代的建筑材料和改造方法进行设计，通过新旧结合、功能置换等途径，展现出和谐共生且具有延续性的城市空间。

2. 微改造的四种维度

（1）经济维度：促进区域功能置换

如广州永庆片区更新项目，原为建筑密度较高的住区，虽然沉淀着厚重的历史文化，但区域内建筑的采光通风条件较差。经过"绣花功夫"式的微改造后，永庆片区被打造成了历史文化与现代城市生活统一的旧城更新示范区。微改造通过对历史街区进行再设计、再梳理，为原本只具备单一居住功能的街区注入了新功能，打造出集商业、文化、创意、旅游、展览于一体的复合多功能型街区。多功能的复合化便于游客节约出行时间，并能够调动各个类型产业的动力，创造更多的合作机会，促进区域经济发展，同时为历史街区注入了富有活力的都市文化。

（2）社会维度：关注各个社群的需求

城市更新往往是多个主体博弈的过程，在此过程中，弱势的社会群体往往无法参与到改造过程中，其需求很容易被忽视。社会中各类群体都有权利享受城市更新所带来的便利，因此，微改造应秉承"人本主义"的观念，通过充分了解各个社群的需求，制定使各群体都能受益的改造策略，做到"人民的城市人民建"。

（3）形态维度：对空间进行优化变异

"优化变异"是将旧建筑的空间关系通过变异、组合、优化的手法运用到新建筑中。如广州太古仓码头，改造前为由七座砖木结构仓库组成的大型码头，其仓库只具备单一的仓储功能。设计团队运用微改造手法，打通了仓库之间的砖墙和部分结构，将若干个仓库整合为一个统一的空间，并置入了餐饮、休闲娱乐等新功能。经过微改造后的旧厂房被赋予了新的功能，以此来适应新类型的使用者和业态。

（4）文化维度：确保更新的文脉延续

在广州永庆片区更新项目中，设计团队通过修旧如旧、建新如故、交通疏离、肌理抽疏、文保专修、资源活化等手段实现"新旧结合"，为历史街区注入空间场所精神，营造了富有"人文精神"的社区，延续了传统文脉，将传统文化与现代都市文化进行了融合，同时还提升了人们的精神生活。

第二节　有机更新理念下城中村公共空间微改造的可行性

一、有机更新与微改造的契合

有机更新与传统的推倒重建或大规模扩张不同，更侧重于在保留城市肌理和特色的基础上，通过细微调整和逐步改善，实现城市的自我更新与升级。有机更新与微改造的深度结合，不仅体现在对城市物理形态的精雕细琢，更在于通过这一过程激发城市内在的生命力与创造力，构建一个既能承载历史记忆，又能面向未来挑战的韧性城市。

其一，在历史与文化传承中，有机更新注重保留并活化城市的历史文化遗产，通过精细的设计和改造，使得老旧建筑或街区得以重生，而不是简单地拆除重建。这种更新方式与微改造都是对原有场所精神和文化记忆的保护与延续。

其二，在资源利用中，再生性改造的核心是高效利用和优化配置现有资源，包括土地、建筑和其他基础设施。而有机更新倡导在不大幅增加新建造的前提下，通过对既有建筑物的功能调整、结构加固、立面改造等手段，实现资源的最大化利用。

其三，在生态可持续性中，两者都十分关注城市的生态可持续性，二者均主张以最小的资源消耗和环境影响实现最大化的城市更新效益。微改造往往涉及对既有建筑的能效提升、绿色植被的巧妙植入以及雨水管理系统的优化，这些措施不仅美化了城市环境，更促进了生态平衡，为城市构建起一套自给自足、循环利用的生态系统，保障了城市发展的长期可持续性。

其四，在社区参与和居民共建中，有机更新往往鼓励居民、社区组织等多元主体的参与，共同决定更新的方向和内容，这与微改造所追求的社会公平、公众参与以及社区活力的激发相一致。

其五，有机更新倡导的是一种细腻入微的改造手法，强调在微观层面上对城市空间的精细雕琢。这要求规划者需深入理解城市的历史背景、文化特色及居民需求，通过微改造的方式，如局部立面修复、小尺度公共空间的活化、街道家具的创意布置等，使得新元素和谐地融入原有环境之中，避免突兀感，保持城市风貌的整体和谐性。

综上所述，有机更新与微改造的契合体现在它们共同致力于在城市发展中寻求历史保护、环境保护、社区利益和社会经济效益之间的平衡点，从而推动城市由粗放式扩张向内涵式、高品质发展的转变。

二、城中村公共空间微改造的可行性

城市用地快速向外扩张，城市周边的农村、郊区被划入征用范围。作为原居村民生产资料的农用地几乎尽数被征用，但政府并不能承担原居村民的生活与工作，因此采取保留非农集体用地、农村宅基地等手法，为原居村民提供一定量的生活资料及集体经济的支持。同时，村管理体制及社会网络亦得以保留，具备"亦城亦村"特点的城中村混合社区由此形成。

城中村现象是其城市化进程迅速推进、城市急速向外扩张过程中形成的产物，城中村内低廉的房租及生活消费吸引了大量的外来务工者聚居，因此许多外来务工者把城中村看作进入城市的"跳板"，希望在此地实现自身的"拼搏梦"，比如在广州就有许多位于城市中心的城中村，有利于居民完成居住地点与工作地点之间的通勤，成为年轻人拼搏过程中最好的生活落脚点。然而，通过调研与实地走访，不难发现城中村内存在严重的环境问题，影响着城市景观与环境，又因其人居环境质量低下、场所精神缺失等负面因素，使外来务工者无法真正融入其中。

习近平总书记在视察永庆片区微改造项目后强调，城市规划和建设要突出地方特色，注重人居环境改善，更多采用微改造这种"绣花"功夫，让城市留下记忆。微改造设计的介入，能在延续城中村原有自然环境和社会脉络的基础上完善其公共空间功能，营建宜居的人居环境并解决上述的城中村环境问题。另外，从有机更新的角度来看，旧城更新活动应遵循"延续性""完整性""阶段性"等原则，与微改造的策略及方法高度吻合。将有机更新理念融入城中村微改造的各个环节中，有助于研究当下城中村微改造过程中所产生的问题，并制定相应的微改造方法，为我国的城中村改造实践提供参考借鉴。

如今，国内的城市发展已经过渡到旧城更新多于新城建设的阶段。城中村的存在严重挤压了城市空间，对城市景观造成了负面影响。微改造是针对城中村环境问题的"微创手术"，通过"城市针灸"（图4.2.1）的方式能够以点带面激活片区的价值，解决城中村环境品质下降、空间秩序混乱等问题，提高城中村社区的人居环境质量。

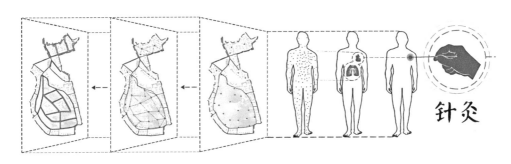

图 4.2.1　"城市针灸"示意图

第三节　有机更新理念下城中村
公共空间再生性改造策略

一、有机更新理念下城中村再生性改造的要点

从保护生态环境、文化脉络、社会网络完整性的角度出发，化解城中村与城市的矛盾，是当代城中村再生性改造的重要内容，而在有机更新理念的指引下推进城中村再生性改造需要遵循以下三个要点：

其一，城中村再生性改造的整体发展。城中村社区作为承载居民们生活与工作的场所，从居住空间到公共空间都应该得到全面考量；城中村改造中的各个部分应相互协调，同时各有特色，在保持原空间肌理相对完整的情况下强化区域的多样性。

其二，城中村再生性改造中区域及建筑"三性"的延续。"三性"是指城中村内环境及建筑的地域性、文化性和时代性。城中村内的街道及建筑的尺度、比例、风格、形态、材料、色彩、肌理、连续性等构成城中村社区空间的特殊性，在延续城中村空间特质的基础上进行空间活化，对优化城市景观、保护文化传承及提升人居环境质量具有巨大的促进意义。

其三，改造过程中的民众参与及阶段推进。城中村再生性改造应当是一种适当规模、适合尺度、通过充分了解居民的需求而制定具体改造内容的改造模式。针对城中村内影响人居环境质量的负面因素，具体问题具体分析，列出整改清单，并制定周期性计划将负面因素逐个解决，实现项目的阶段性推进。

二、有机更新理念下城中村公用空间再生性改造策略

1. 注入社区活力，多元复合发展

城中村作为城市的一部分，有着布局紧凑、人流量大的特点，城中村居民们对日常消费、公共交往有着很大的需求，但相对于需求而言，城中村内的功能与业态结构能够提供的种类却极为有限。在城中村再生性改造中，为加强城乡一体化进程，需要确保其功能与业态能够拥有综合性极强的内容以支撑城中村与城市文明的融合。城中村具备人口稠密、消费人群充足、地租较低、靠近城市中心等优势，具备成为小企业、零售业、文娱产业天然孵化器的条件，但目前国内城中村缺乏能把上述优势催化成有效的使用资源和区域经济发展的因素。因此，城中村再生性改造需要为城中村注入区域活力，革新城中村内部功能结构，由此吸引更多外部的经济活力流入，达到充分整合城中村内的有效资源、促进区域经济发展的目的。

2. 延续传统文脉，实现功能置换

以往"大拆大建"的改造模式在对待城中村内旧建筑时往往采取"一刀切"的处理手法，造成城中村场所记忆与历史风貌的破坏。城中村社会聚落的本质决定传统文化对其的重大影响，文化的变迁影响着整个城中村一系列的更新变化，因此，通过对城中村历史文化变迁进行研究，对推动城市化的整体进程具有极大的研究意义。

其一，延续传统文脉。城中村的传统文化可以分为物质文化与非物质文化，在物质文化的传承上，可以通过新旧结合、修旧如旧的微改造手法，将传统建筑的特征进行抽象化处理后，通过现代材料与设计语汇融入新的建筑形态改造中，促使传统建筑与新建筑有机统一，在符合现代人审美要求的基础上达到传承传统文化的目

的；在非物质文化的传承上，以挖掘及保护城中村的非物质文化为主，以文化展馆、艺术展馆为支点，结合城中村的非物质文化，发展体验型的手工艺品制作，形成集展销、体验、传承、交流、培训等功能于一体的工作室。而此类工作室的选址可以是城中村较为中心的位置，在民居或是历史建筑内，让城中村成为人们体验文化艺术魅力的新窗口。还可以提取城中村中的历史文化元素，进行文创产品的自主设计，制作具有独立版权的包装，进行文化产品的销售。转化城中村的文化创新性，以实体呈现出来，体现一个历史文化传承和当代都市生活融合的城中村。

其二，实现功能置换。大拆大建的改造模式会导致自然资源、社会资源的耗损，过度的修缮也会掩盖文脉传承的过程，割裂其整体性。因此，利用新材料、新技术、新设计手法达到旧建筑的功能置换是至关重要的。功能调整可以采取结构、材料的转换，外围护体系的改造，结构加固等新技术，以及空间布局重构的手法得到实现。功能调整方式的改造实践中，大量功能丧失的建筑得以保存下来，一方面避免了有限物资的浪费，有效地维护了城市街景的历史延续感，也为建筑的维护性改造提供了新的思路。

3. 优化空间肌理，谋求新旧结合

旧街区微更新可以通过修旧如旧、建新如故、交通梳理、肌理抽疏、文保专修、资源活化等手段实现"肌理优化"。而在处理旧建筑与新建筑的关系上，则可以通过材料借用、空间渗透、色彩协调等手法，使新老建筑建立对话关系，形成协调统一的状态，最终达到"新旧结合"的改造目的。

其一，优化空间肌理。在处理城中村复杂的空间肌理中，针对利用率低的地块，可以引入四个系统：慢行网络、功能节点、文化节点以及生态节点。通过肌理抽疏能有效提高慢行网络的可达性，为功能节点的置入腾出空间，并通过公共设施、商业空间以及住宅前院的相互作用，建立由公共空间、半公共空间、半私密空间、私密空间组成的空间系统，性质分明的社区空间有利于街道监视系统的形成，增强社区安全系数，同时为公共交往活动提供更充分的空间条件；而文化节点系统则形成人气的所在，利用内容丰富的节点吸引了行人的驻足，减慢行人的步行速度有利于多种交往活动的组织；自然节点系统在社区营造了一个绿意盎然的交往空间，可以通过绿植与座椅的结合，打造街角公园、古树平台等景观节点，使人们在休闲放松时不经意地与自然互动，实现人与空间、人与自然的共生。

其二，谋求新旧结合。在新老建筑共存的场所中，可通过材料借用、空间渗透、色彩协调等微改造手法，使新老建筑在空间、材料、色彩、建筑轮廓上达到协调关系。

新建筑在改造时不能简单模仿传统建筑的形式，而是通过对传统建筑的设计语言进行提炼，再将新材料与新技术运用在新建筑之上，平衡两者之间的整体效果。在长湴村微改造设计中，在保留传统建筑的肌理和材料的基础上，利用新材料进行了符合新功能的设计，以防风、防水、加固、外墙整饰为主；而在新建筑的立面设计、沿街水景中则利用老砖瓦、木材等具有历史厚重感的材质，通过结构、材料的转换，使新旧建筑形成"你中有我，我中有你"的关系。

4. 激活可认知性，重塑场所精神

场所精神以符号化、象征化形式存在于场地之中，因此"大拆、大建、大改"的更新模式会对长期居住在城中村的居民们对城市的认知造成影响，割裂公共意象的延续性。但若任由城中村内同质化程度过高的自建房以极高建筑密度的方式继续存在，其高度趋同的样式、功能、价值亦会削弱居民及来访者对该区域的认知，降低区域多样性的萌生。因此，在城中村再生性改造中应激活城中村的可认知性，赋予城中村区别于周边区域的个性，从路径、节点、边界、标志物以及区域的改造着手，利用存在于城中村内传统文化、生活文化的符号打造出"一村一面"的区域特色，重塑场所精神。

其一，构建场所辨识度。场所的辨识度可以通过独特的设计形式、良好的空间氛围及富有趣味的空间进行强化。以村落的传统文化及居民的生活文化为依托，通过城中村微改造强化场所的公共意象，为居民们打造出具有鲜明辨识度的城中村社区。

其二，构建场所秩序感。通过微改造手法协调城中村社区中节点、路径、边界、标志物的关系，打造韵律感和秩序感并存的社区空间。使用新元素、新材料进行介入时，要注重新的设计在材料结构、色彩计划、空间过渡上与旧空间、旧建筑的统一，由此打造具有秩序感的城中村社区。通过环境的升级加强人们对于区域的归属感与认同感，促进场所精神的重塑。

第四节　有机更新理念下公共空间再生性改造设计实践

在有机更新的理念下，城中村公共空间的再生性改造设计实践已成为推动城市可持续发展与文化传承的重要途径。这一理念强调在尊重地域文化特色与居民生活需求的基础上，通过细微介入与创新设计，激活城中村的闲置或低效空间，赋予其新的功能与活力。笔者以广州长湴村为改造对象，对于其公共空间进行再生性改造，不仅关注物质环境的提升，更注重激发社区内在潜力，促进社会交往，强化居民的文化认同与归属感，尝试构建一个既有历史底蕴又符合现代生活需求的公共空间体系。

一、长湴村的基本概况

长湴村位于广州市天河区，根据建筑年代可以分类为旧村和新村（图4.4.1），旧村范围东至长湴东大街，西至长湴西街。旧村是外来务工者和小部分原村居民的主要生活场所，由于其空间使用强度高、需求量大，同时具备区位优势与低廉的物价水平，受到了大量外来务工者的青睐。旧村范围内的用地为原村居民的宅基地，他们在未经规划审批的前提下在宅基地上自建起大量住房或进行违章加建，导致旧村内出现建筑质量低、建筑密度极高、布局杂乱无章等现象。由于缺乏规范、统一的生产协作，其人居环境远远无法达到城市发展要求。同时，旧村内基础设施建设及管理"真空"，其内部的水、电、气等管线以及道路等市政工程建设滞后，整体呈现为"脏、乱、差"的低质量人居环境。

图 4.4.1　长湴新村与旧村范围的区分

新村内的住宅建筑普遍为别墅式住宅，于1992年由长湴村集资兴建。长湴新村相较于旧村，在人居环境质量上具有更大的优势，建筑密度适中，且建筑的沿街立面预留了足够的空间建设半私密空间（前院），新村内有可供人与机动车同时通行的道路，道路与建筑布局呈网格分布。新村东面为长湴公园，但此公园与旧村相距约 1km，因此旧村居民较少选择此地作为公共活动的场所。

二、长湴村的城市肌理及公共空间特点分析

　　长湴村周边的交通系统较为完善，其外围有机动车道、高速公路等分布，还有公交车站点 4 个，西侧有地铁站点 2 个，并能通过地铁在短时间内完成与广州天河中心商圈内几个站点的交通往返。但长湴村内的功能业态仍具有类型单一、赋值低的特点，在所形成的业态种类中，有零售、餐饮、少量的医药店等，其中商业空间以线性连贯的状态在长湴旧村中心住宅区的外延主街两侧展开，其他大部分生活配套都处于村子外围地块（图 4.4.2）。

图 4.4.2　长兴片区的城市肌理与功能分区

通过对整个长湴村所处位置的城市肌理分析，不难看出，长湴村在城市中的所处位置及周边配套的情况是比较优质的，其交通和生活的便利能够满足村内居住者的需求，但在调研村内基本情况时，发现村内的功能区域分布、街道慢行系统的规划以及公共空间的利用等方面都存在较大的问题，其特点大致如下：

1. 可达性低的慢行系统

城中村社区区别于一般的城市社区，其外来的居住人群由收入水平较低的外来务工者、从事体力劳动的劳动者及步入社会不久的毕业生构成。上述人群一般基于较低的消费水平、较低的出行成本、靠近城市中心的区位特征等因素选择城中村作为他们的栖身之地。在出行低成本这一因素中，确保慢行系统的高可达性尤为重要。

克莱伦斯·佩里曾提出："400m 是最能使出行者感到舒适的步行距离。"以城中村外围的地铁及公交站点为中点，以一个半径为 400m 的圆作为辐射范围，公交站点的辐射范围如果能覆盖城中村的外围区域，则能较好地满足其居民的公共交通需求。我们以广州长湴村为例进行说明，如图 4.4.3 所示，公交站点的辐射范围已覆盖长湴村的外围区域，此条件能较好地满足居民的公共交通需求。但若取半径为 700m 的圆作为公交站点的辐射范围，并在新村和旧村上分别取切点 A 和切点 B 作为两个不同居民的出发点，由测试可知，由于旧村的中心区域建筑密度过高，则会导致巷道几乎无法通行，从切点 A 出发的居民需经过长距离绕行才能到达公交站点，耗时长达 13 分钟。而新村的局部具有网格化规划特征，慢行系统通达性高，因此从切点 B 出发的居民仅耗时 7 分钟便可到达公交站点。

只有社区慢行系统的可达性足够高时，才能吸引居民走到街道上进行各项活动，并且把来访者吸引到社区当中；当居民在街道空间上的活动频率提高时，才能激发各项自发性活动、社会性活动发生的可能性，增强社区空间的活力。因此，为城中村制定改造方案时，需要利用肌理抽疏、疏通街道等方法，针对一小部分降低慢行系统可达性的建筑进行拆除，并利用抽疏后腾出的空间构建可防卫空间和街道监视系统，同时利用内容丰富的文化、景观节点吸引行人的驻足，减慢行人的步行速度，使各种交往互动得以进行。

2. 严重匮乏的街道设施

街道是"连接家与城市的桥梁"，功能完善、设计得当的街道有利于将人们从家里引向户外，并为各项交往活动的形成提供基础条件。在低质量的城市空间和街道中，只有零星的、极少数的交往活动发生，人们总是处于匆匆赶路回家的状态。高密度的、低租赁成本的城中村居住空间给予居民们一个"临时落脚点"，但随着城市文明与城中村生活日益融合、随着城市生活中精神压力的日益增加，城中村居民对文娱活动、交往活动的需求只会越来越高。

图 4.4.3 长涬村外围的公交站点及居民的步行路径

《街道准则》中将街道设施分为三类：交通设施（如防护栏、路灯、交通信号灯等）、服务性设施（如座椅、花坛、电话亭）、休闲性设施（如口袋公园、书报亭等）。与城中村居民需求之矛盾的是，大部分国内城中村的街道，严重缺乏完善的街道配套设施以满足居民日益增长的公共活动需求，且大部分城中村的街道空间充斥着村内普遍存在的环境问题，如慢行系统可达性低、街道缺少配套功能、建筑密度过高等，以致城中村户外空间缺乏组织交往活动的条件。

3. 杂乱无章的街道空间

城中村旧村居住区由于极高的建筑密度限制了该区域慢行系统的通达程度，同时由于其街道设施的不健全，分布不合理，缺乏人性化设计特征，使街道质量大大降低。由于城中村居住空间户型单一、面积较小，居民们的生活需求往往会"溢出"到街道上，使本就狭小的街道变得更为拥挤，综合以上因素导致了杂乱无章的街道空间的形成。据调查得知，居民们"溢出"街道的生活需求主要分为三类，分别是自行车停靠、衣物晾晒和休闲活动。以广州长湴村为例，可以看出城中村街道空间中居民生活需求的"溢出"情况（图 4.4.4）。

图 4.4.4　居民生活需求"溢出"点示意图

城中村内主街道的角落里、巷道中、商铺前经常散乱地停放着自行车或电动车，严重挤压了街道空间，增加了城中村道路网络的通行难度，如图 4.4.5 所示。

除了城中村居民没有合理使用公共空间资源的意识外，城中村内缺乏停车区域也是造成此现象的主要原因之一。

　　除此之外，集交通、休闲与生活于一体的街道，长期被各式各样的晾衣架所占据，使街道功能受到影响，几乎失去了其公共性。由于城中村旧村内建筑间距小，"握手楼"的建筑关系使户内空间采光率极低，加上户内面积小，使居民们难以晾晒衣服，于是居民们开始把这种生活需求"溢出"到街道、公园。这种行为严重占用了街道空间，加剧了城中村"脏乱差"的负面形象。

图 4.4.5　村内街巷的居民生活需求占用现状

4. 空缺的居住归属感

　　在城中村的大街上，目之所及只有商铺。往日孩童的追逐打闹、邻里的欢声笑语早已被单一的、机械化的商业功能所取代（图 4.4.6）。这种不符合居民需求的社区功能使城中村的识别度大大降低，户外环境千篇一律的社区难以被居民和来访者记住或认同。

　　城中村作为人口流动量大的社区，大多数的外来务工者被它低廉的物价水平与便捷的区位所吸引，几乎没有外来务工者是被它的环境所吸引。从问卷调查结果可知，计划在城中村内居住半年以内的受访者占 60%，而计划居住半年以上的受访者仅占 20%。由此可见，外来务工者对城中村根本无认同感和归属感可言。功能单一化的社区只会破坏原有的社会网络，因此，重塑社区的功能价值与场所精神尤为重要。

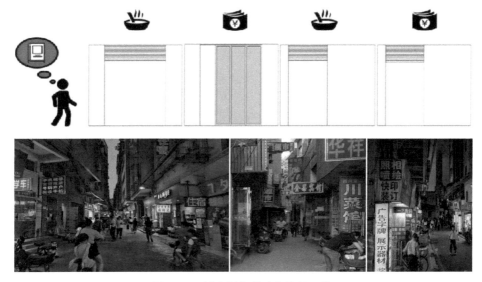

图 4.4.6　城中村街道功能的单一化

5. 断裂的文化传承

马斯洛需求层次中提出，"人类在满足其物质层次后，便会开始追求精神层次的食物"。长湴村同样遇到此的问题。城中村社区内的业态、居住环境能够满足居民们最低限度的物质层次需求，但其整体环境、建筑缺乏传统文化的延续与地域文化特征。各个村落都有其独特且能反映当地人文特征的历史，而文化传承断裂的直接表现便是其整体环境的千篇一律，无法给予居民和来访者深刻的印象。广州长湴村作为民主革命的重要据点之一，见证了革命年代的峥嵘岁月，又被称作广州红色文化村。长湴村内的传统建筑样式较为统一，屋顶为硬山式，两侧为人字山墙，瓦面铺绿灰简砖，构筑墙面的材料为青砖墙，红砂石勒脚；屋檐下没有挡板，两边凸出的墙壁上有檐下花卉灰塑（图 4.4.7）。然而传统建筑周边围绕着样式简陋的村民自建房，形成难以调和的视觉冲突，同时反映了长湴村内断裂的文化传承。

6. 利用率低的公共空间

大部分地区的城中村有空间高强度使用、建筑高覆盖率以及人口高密度三个特征，但其内部的公共空间却常常成为城市规划与社区发展中的遗漏环节。这些公共空间，如狭窄的巷道、废弃的空地或是简陋的休憩角落，理论上应是居民交流互动、文化展示与休闲放松的重要场所，然而现实情况却是它们的利用率普遍低下。随着居住密度的不断上升，有限的公共空间经常被居民的日常生活需求"侵占"，比如晾晒衣物、停放车辆等，这不仅影响了空间的美观，也限制了其他更有意义的公共活动的开展。

图 4.4.7　长滘村传统建筑的分布及形式

经调研发现，长滘村内的公共空间富有多样性，但却缺乏统一的管理，使公共空间被居民们"溢出"的生活需求所占用，失去了应有的功能价值。公共空间的功能退化不仅剥夺了居民享受公共生活的机会，还加剧了社区内的隔离感与疏离情绪。孩子们失去了安全的玩耍之地，老年人缺少了适宜的交流平台，邻里之间的互动与互助精神也因此减弱，进而影响居民的生活质量和幸福感。

三、有机更新理念下长㴌村再生性改造设计实践

1. 社区营造——对长㴌村生活圈营造

长㴌村旧村的居住区域中存在人口流动率高、慢行网络可通达性低、居民的社区外活动时间大于社区内活动时间等阻碍社区营造的因素，同时也具有社群发达、民众移动成本低等条件。因此，笔者基于营造社区归属感、重塑社区生活的改造重点，制定了空间拆建、功能分区更新、功能业态更新、慢行网络梳通等四点改造对策。

（1）空间拆建

前文已分析过长㴌村内高密度的建筑会形成"天然屏障"，阻隔了居民们的交往活动与业态的渗透，以及带来如噪声传播、户内采光率低、生活私密性得不到保证等一系列负面因素。通过空间拆建的改造方法，能降低长㴌村旧村住宅区的建筑密度，打通"断头路"以疏通慢行网络，为有益于公共空间人性化的各项设计腾出空间。

空间拆建分为"拆除"和"建设"两部分内容。"拆除"工作以阻断慢行网络的建筑或部分建筑、废弃破败的建筑、违章扩建的建筑为对象，疏通慢行网络，增加户外开放空间，达到增加边界厚度，消除住宅区与主街道之间的"天然屏障"的目的。而"建设"工作则是在保留长㴌村内现存的水系和绿化的情况下，在"拆除"工作所腾出的改造空间中建造文化节点、自然节点及公共休闲节点，为功能匮乏的长㴌村置入办公、住宅、商业设施、文化设施等功能组合，形成集居住、工作、休闲、娱乐、创业等功能于一体的生活区。

（2）功能分区更新

在对长㴌村进行功能分区更新中，引入"15分钟生活圈"概念（图4.4.8），以圈层为基础的更新单元对整个旧村区域进行设计，结合社区发展规划的思路，运用圈层梳理的手法，统筹区域各个功能区与住宅关系，综合组织区域交通出行，并置入文化、卫生、教育等社区公共服务，确保各个功能区15分钟步行可达覆盖率100％的核心指标。通过圈层层级的梳理，确保长㴌村社区的宜居性及多样性。

通过"15分钟生活圈"的划定，盘活土地资源、扩充功能空间、梳理慢行系统，达到缩小社区内活动的时空成本、优化生活服务、促进设施共享、避免资源浪费的目的，形成集约高效的生活体系（图4.4.9）。在城中村社区规划中充分考虑居民的活动类型与需求，构建紧凑、集约、就地化的生活圈体系，由此塑造丰富多彩的社区人群和日常生活，形成"宜居、宜业、宜游、宜学"的生活空间。

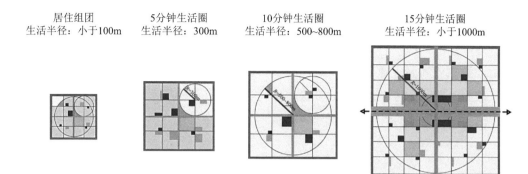

图 4.4.8　"15 分钟生活圈"示意图

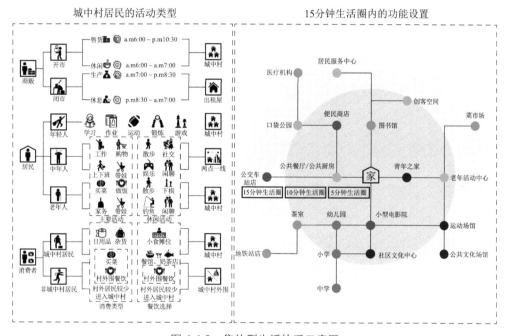

图 4.4.9　集约型生活体系示意图

　　在长滘村社区规划方案中，为长滘村旧村内住宅区引入公寓化管理模式，将建筑划分为 7 个建筑组团，每个组团由 20 ～ 30 栋建筑组成，选择适合的位置安装钢结构廊道，将组团内建筑连接起来。每个建筑组团配备 4 座垂直电梯，为每个组团配备前院作为公寓入口。并且打通 2 ～ 5 层的室内隔断墙，将其打造成具备各项生活服务的"青年之家"。通过"青年之家"的置入，串联起图书阁、茶室、小型电影院、公共厨房、健身室及小型庭院等公共功能。最后，通过空中连廊与垂直电梯的共同作用，在组团内构建起立体交通系统，形成将公寓入口、住处、青年之家、天台空间串联起来的高效交通网络。

（3）功能业态更新

长洉村作为高密度的城中村社区，沿街建筑的首层大多为各式商铺，包括了零售业、餐饮业和服务业等，业态重复率高且质量较低，无法很好地满足居民的需求。故此，通过空间转型的方式促进长洉村功能业态结构优化，拓展其丰富性，以此提高长洉村社区的消费及公共服务质量（图 4.4.10）。

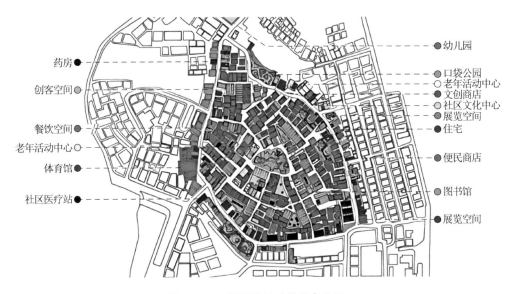

图 4.4.10　更新后的功能业态分区

随着共享经济时代的到来，空间转型有了更为多样的可能。其一，共享经济下的社区营造强调拓展空间功能的有效利用，为社区创造出更多"小而美"的创新空间，借助对旧建筑进行功能置换，将商业、生活服务等功能引入，丰富长洉村社区生活，提升空间的租金效益。其二，通过数字连接和第三方网络平台，为分散和受限制的空间资源找到新的利用方式，从而为社区内业态提供资金回报和就业机会的新途径。其三，通过创客空间的置入，促进产业创新的繁衍，为新兴、创意产业提供发展空间。通过以上三点的互动作用，将有助于社区成员之间的信任和信赖，增强长洉村社区活力，进而通过多样的功能业态与多样的空间形态的结合，营造丰富多彩的市井生活。

在沿街界面设计上需完善和提升商业和游憩功能，对沿街低质量的商铺进行功能置换，可改变原来低端餐饮和销售的业态，增添书店、咖啡店、手工艺品店、特色文化体验馆、青年活动中心等；在此基础上进一步挖掘新型城中村社区的生活形态，保护包括非物质文化遗产、现代工业文明印记和标志性历史事件所带来的特殊记忆，利用创客空间置入艺术家工作室和艺术展馆，吸引年轻的艺术家、设计师及青年创客等长期入驻，以文化产业带动长滘村发展，创造历史气息和现代文明交相辉映的长滘村社区氛围。

（4）慢行网络疏通

长滘村用地紧张、建筑密度极高，原有的街巷格局已经被居民的自建房所淹没，出现许多断头路；街道由于两侧增建而变得十分狭窄，致使交通拥堵，导致慢行系统的可通达性严重下降。在尽量保持空间肌理完整性的情况下，拆除阻断道路的建筑、荒废破败的建筑、违章扩建的建筑，疏通被阻断的道路，同时通过路径拓宽、增加边界厚度、串联空间、设计节点系统等手法优化慢行系统结构（图4.4.11）。

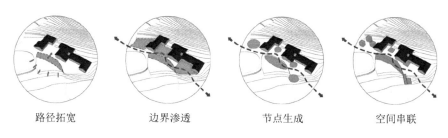

路径拓宽　　　　边界渗透　　　　节点生成　　　　空间串联

图4.4.11　慢性系统的优化手法

在具体的规划改造中，通过对长滘村空间肌理进行梳理，设计出一套完整的体验式慢行系统。慢行体验系统以长滘村原本格局为骨架，置入了"三横一纵，东西两主街"的街道系统（图4.4.12）。从整体布局上来看，长滘村社区依旧保留着原本整体的纵横布局，在此基础上，"三横一纵"打通了片区"东西两主街"的步行流线，形成四通八达的慢行道路网，改善了原慢行系统通达程度低的问题（图4.4.13）。

此外，在建筑物内设计了空中连廊，打通巷子之间的阻隔，将巷道串联起来，增加了巷道之间的联系，丰富了区域内活动流线的自由度与趣味性（图4.4.14）。

重新设计的流线系统能够将长滘村内的文化节点、自然节点、公共休闲节点串联起来。流线系统设计通过铺装来体现，利用不同的铺装来衔接不同特色的建筑，结合沿街布置艺术雕塑和墙绘，增强空间观赏性的同时加强历史文化和现代文明的相互渗透，让行人感受到长滘村的人文特色。文化节点的设计是在改造区域内规划好文化聚集点的位置与内容，节点散布在长滘村区域的不同位置，每个节点都能服务相应的人群，给行人带来丰富的休闲娱乐体验。如露天小广场、景观水池等，是人们休闲、停留、聚集的主要节点，对这些节点进行规划设计让人们游览街区时感到松弛有度，丰富有趣。

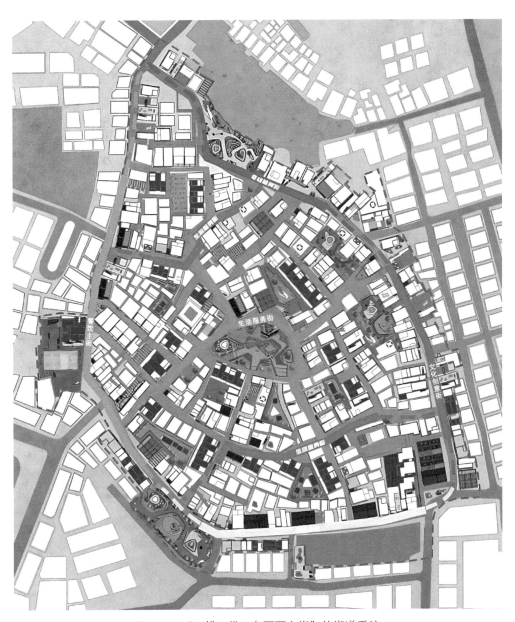

图 4.4.12 "三横一纵，东西两主街"的街道系统

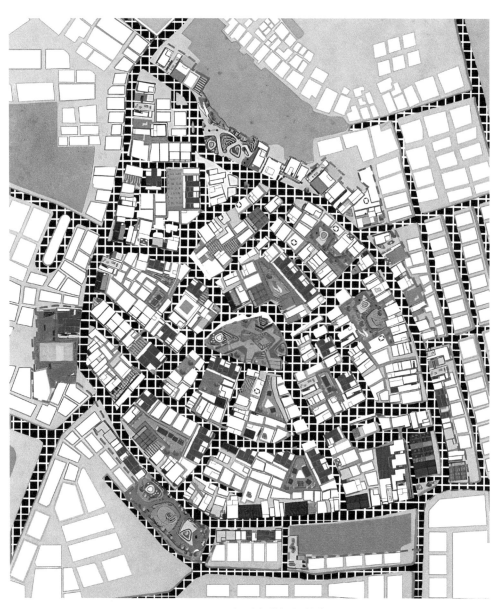

图 4.4.13　更新后街道慢行道路网

图 4.4.14　空中连廊效果图

2. 单元激活——对公共空间进行功能活化

（1）边界空间改造：沿街建筑立面设计

长㳇村内传统建筑较为稀少，但传统建筑作为村落历史的缩影，仍然具有保护价值。从文化传承的角度出发，通过沿街建筑立面改造改善长㳇村旧村状态"混乱"的沿街界面，并使沿街建筑与传统建筑形成协调的视觉关系。利用"加法"与"减法"并存的改造原则，保留原有建筑的外轮廓和建筑主体，清理墙面的污渍和窗洞的锈迹后粉刷外墙面，赋予建筑外立面以明亮的色彩。

采取"减法"策略，拆除原建筑沿街立面超出建筑红线的露台部分；同时采取"加法"策略，在建筑沿街立面的左侧采用玻璃、钢材、青砖、硬质木材、冲孔板进行结构性的加建。将首层至顶层的开窗通过钢材竖向框型构件组成一个整体，营造挺拔的、向上的建筑动势。部分建筑可在钢材框架的边缘进行硬质木材包边，再通过"旧材新用"的手法，利用青砖镂空砌法填充框型构件内部，使其与周边的传统建筑形成材料上的联系。改造后的建筑在形式、风格和材料上赋予城中村建筑以岭南民居特色。或者利用白色冲孔板填充钢材框架的内部，在掩盖原城中村建筑统一程度低的建筑肌理的同时，塑造出明亮通透的立面质感，提亮长㳇村居住区内阴暗的环境（图 4.4.15）。通过以上建筑立面的改造手段，构建起富有韵律感和秩序感的沿街建筑立面。

引入"新旧结合"的改造原则，在改造设计中通过统一的建筑风格，采用水刷石材质，设计现代大玻璃窗，给室内增加采光，增添现代感。打通二层的室内隔断墙，形成流动空间，置入长涨历史展览馆、图书馆、健身室、咖啡厅等公共服务性质的功能。再利用架空廊道串联起周边若干栋建筑的二层流动空间，廊道上使用古建筑栏杆的形式进行装饰，流动空间的顶棚采用白色铝格栅做吊顶。建筑外立面用纸筋灰装饰线脚，增加建筑的传统气息，同时在建筑外部设计斗栱形式的硬木装饰构件，呈现出传统的历史韵味，又具有崭新的时代精神。

图 4.4.15　更新后的沿街建筑立面

在针对若干栋小体量建筑的整合中，通过改造过程中沿用旧建筑的空间形式和结构特征，作为呈现传统特色的载体，保留历史记忆。建筑的首层基座采用钛锌板和玻璃砖等现代材料，增加内外之间的联系，减少建筑带来的压迫感，沿街设置小型景观，增添街道生气。二层功能为展示空间，建筑外立面与一层形成鲜明对比，建筑立面红墙与青砖相衬映，红砖中嵌入大面玻璃窗，提升建筑通透感，减轻墙砖带来的厚重感，营造丰富多元的街道界面（图 4.4.16）。

图 4.4.16　多元丰富的街道界面效果图

最后，在主要街巷增加积极界面，扩大沿街公共空间，添置树荫、休憩座椅和文化景观小品，创设可供驻足的节点空间，为行人提供连续且丰富的通行界面。

（2）线状空间改造：历史村墙与互动村墙设计

长滘村周边设有多所知名高校，因此长滘村也成为在广州打拼的高校毕业生的聚集地，但由于村内街道上遍布类型单一、低质量的商铺，缺乏富有文化内涵与景观绿地的户外空间，使得居民们难以对此地产生归属感。如此一来，场地便失去了凝聚力，居民们对身边的环境与交往活动漠不关心，在积累够一定的财富以后便离开长滘村，谋求更优质的居住地。因此，通过"历史村墙"与"互动村墙"设计向居民们诉说长滘村的历史（图4.4.17）。

历史村墙是针对长滘村内"线状空间"的改造设计，通过卡通造型的平面设计展现长滘村的发展历程，以时间推移为线索，图文并茂地向居民们展现长滘村作为抗日革命根据地的峥嵘岁月，同时展现长滘村未来的发展愿景。通过卡通形式的墙绘这种更受年轻人欢迎的方式诉说长滘村的历史，发掘历史内涵。同时，地面喷绘的方式也可以成为丰富街道内涵的手段之一，通过色彩饱和度的渐变，用黑白和中性色彩表示过去的重要事件，以斑斓的色彩表示长滘村的现今境况及未来展望。让居民在行走中体验长滘村从古至今的历史片段，增强对长滘村的文化认同。

图4.4.17　"历史村墙"与"互动村墙"效果图

互动村墙上设置了"明信片盒子""改造意向收集卡""文创商品贩卖机"三项内容。通过"明信片盒子"获取设计精美的明信片，使居民和来访者根据明信片上的地图指引体验长㴽村再生性改造中的每一处成果，并以明信片作为纪念。通过"改造意向收集卡"收集居民及来访者对于长㴽村再生性改造设计的具体建议和意见，以使用者的确切需求推进和深化下一阶段的设计。通过"文创商品贩卖机"出售富有长㴽村文化特色的饰品和生活用品，以这种微小的方式引起人们对长㴽村社区生活的关注，激发来访者在长㴽村中"觅行"，感受这座获得年轻人青睐的特色城中村。

（3）口袋公园设计

由于长㴽村旧村内的公共空间及绿地十分稀少，居民的休闲活动及交往活动缺乏可承载的空间，因此居民在街道上"席地欢谈"，或者将家具搬到街道上进行"小型聚会"，严重挤压了街道空间，反映了居民对于公共休闲空间的需求与现有公共空间稀缺的矛盾。

笔者根据此状况制定了口袋公园设计方案（图4.4.18），使小型公园和小面积绿地嵌入长㴽村的"团状空间"中，将长㴽村街道两侧剩余空间改造为供居民驻足交谈和休闲娱乐的公共空间，激发街道界面的多样性，活化其功能，进而促进交往活动的发生。口袋公园的设计为居民提供一个桌面娱乐的场所，通过棋牌桌的设置，吸引年轻的居民进行"桌游"娱乐。通过公园、户外家具与植物的相结合，能够为慢跑者提供休息点，也为居民们的洽谈、聚会提供合适的场所。

图 4.4.18 口袋公园效果图

口袋公园可以将新旧建筑、独特自然景观与人文景观巧妙融合。基于景观修复的生态原则，可以在改造过程中妥善保留长㴽内仅存的植被，在保护植被的同时提升长㴽村的景观质量，营造良好的生态环境，并利用改造旧建筑时拆卸下来的旧砖作为口袋公园的地面铺装，确保旧建筑与新改造项目的延续性，降低建设口袋公园的资源消耗。同时通过公园绿地覆盖、景观小品，给予原本拥挤的、难以呼吸的长淊村一片"绿肺"，利用铺地与绿植的镶嵌，形成植物与石材铺地结合的公园过道，使人们在散步的同时与自然环境建立联系，实现人的活动与空间、自然的共生。

（4）街角"避风港"

由于城中村居住空间户型单一、面积较小，居民们的生活需求往往会"溢出"到街道上，包括杂物堆积、自行车停靠、衣物晾晒和休闲活动等，使本就狭小的街道变得更为拥挤。笔者针对长淊村内的"点状空间"，设计了三种类型的街道"避风港"。

街角"避风港"能有效把一系列的功能模块合并后置入街道旁、建筑之间难以利用的空间中，其中包括单车停靠、果皮箱、盆栽种植、晾衣等功能模块，又有供居民洽谈和小孩玩乐的休闲模块。功能模块能够自由组合，可针对具体的可用面积，将若干个单元模块进行相应体量的组合，因此不会产生挤压街道空间的负面影响。同时，随着时间的推移和需求的变动，街角"避风港"可以进行功能模块的加减或替换，具备灵活可变的特点（表4.4.1）。

不同类型的"避风港"效果图   表 4.4.1

类型	效果图
A 类	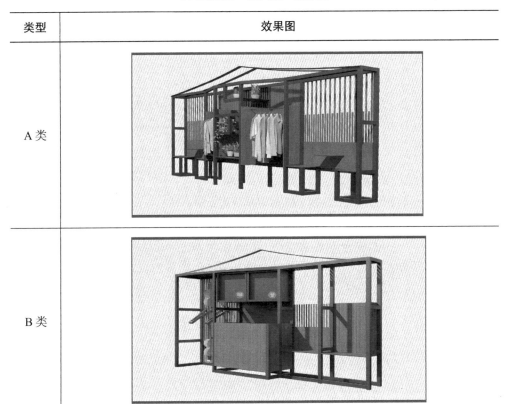
B 类	

续表

类型	效果图
C类	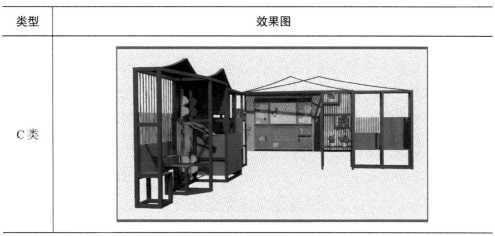

在材料与结构方面，街角"避风港"的设计避免了结构的复杂性，使用了"铁方通"和"水曲柳"作为材料，具备生产成本低、现场安装便捷、牢固耐用等优点。街角"避风港"顶部"弧边三角形"结构的设计灵感来源于岭南传统建筑中常用的"人字形封火山墙"及"硬山顶"样式，为简约的街道注入了丰富的文化内涵。

3.新旧共生——对城中村建筑进行更新设计

新旧共生一直以来都是城中村再生性改造设计中被关注的焦点。"新"是对旧建筑中不符合现代生活所需，通过现代的技术与手法进行一些改造与调整的部分。"旧"则是指空间中经过历史洗礼与沉淀的建筑元素与旧有事物，保存着城中村居民的区域记忆。而年代久远的建筑空间较难满足现代生活使用的需求，因此常需要通过"新旧共生"手法进行调整与改造。更新设计手法可以分为两种，分别是"新旧嫁接"与"旧材新用"。基于新旧结合的原则对城中村建筑进行再生性改造，既能保持城中村内建筑发展的延续性，同时通过新材料的运用，又可以打造出符合当今社会需求、富有现代形式感的特色建筑节点，提升城中村建筑的辨识度，重塑场所精神。

（1）基于"新旧嫁接"手法的建筑更新设计

在城中村建筑改造中，可利用"新旧嫁接"的改造手法，保留原始建筑的基本结构和及红砖外墙，并以玻璃和钢架作为新建部分的用材，增加室内采光与建筑的通透性，使其内部与外部形成联系，并在内部布置展览空间，吸引居民们驻足停留，达到新旧结合、保护与发展并行的目的，如图4.4.19所示。

（2）基于"旧材新用"原则的建筑更新设计

在对若干栋小体量建筑进行整合时，可在"新旧结合"原则的指引下，利用"旧材新用"的改造手法，通过传统材料与现代技术的结合展现传统建筑风貌。改造对象毗邻长滘村梁氏宗祠，由 3 座小体量建筑组成，建筑高 2～3 层。在微改造设计中，将建筑顶部改造为坡屋顶并铺上仿古瓦，建筑外墙使用青砖切片做饰面，窗户部分则用瓦片交错砌成，使其改造完成后与毗邻的梁氏宗祠的岭南传统建筑形式相协调。同时，在顶层空间设置露台与落地玻璃，有助于房屋的通风与采光，避免封闭式立面带来的闷热感与压抑感。此外也增加了建筑外立面的丰富度与独特性，并通过传统建材与样式的灵活运用，使形式简陋的城中村建筑与周边传统建筑的风貌相协调，如图 4.4.20 所示。

图 4.4.19　"新旧嫁接"的城中村建筑改造

图 4.4.20　"旧材新用"的城中村建筑改造

4. 生态修复——对城中村社区进行立体绿化

（1）屋顶绿化设计

居民们对环境的感知不只停留在单一建筑的界面上，而是多元建筑界面与绿化环境的融合体。为了使绿化功能像毛细血管一样深入建筑体，笔者提出了由建筑组团、连廊、屋顶绿化、垂直绿化结合而成的立体绿化系统。

在屋顶花园的设计中，通过建造花架、种植藤本类植物、打造景观小品等景观设施，塑造富有趣味性的城中村天台空间。同时，在廊道上安装绿植种植槽，通过廊道与屋顶绿化的结合使建筑形成绿色天际线。连廊作为立体交通能有效提高长滺村慢行系统的可通达性，加强建筑组团中各栋单体建筑内居民的交流。最后，为屋顶花园置入休闲娱乐功能及其他生活服务功能，补足长滺村内匮乏的公共空间及街道设施，促使更多交往活动的发生。屋顶绿化能有效地在不占用长滺村地面空间的情况下提升长滺村的绿化水平，促进建筑与自然环境和谐关系的形成。通过绿化与屋顶看台、屋顶功能空间的结合，打造空中生态节点，增加长滺村公共活动空间的面积，维持城中村内生态景观平衡，如图4.4.21所示。

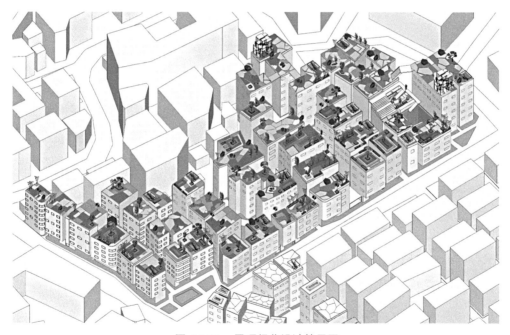

图 4.4.21 屋顶绿化设计效果图

在设计形式上，屋顶花园设计使用了模仿自然山石形态的折线形式作为地面铺装，利用石材地铺、木材地铺与绿地的结合，使其有效成为自然环境与人造环境的"粘合剂"，为建筑添上一个"生态屋顶"，促进建筑与自然环境的融合，如图 4.4.22 所示。

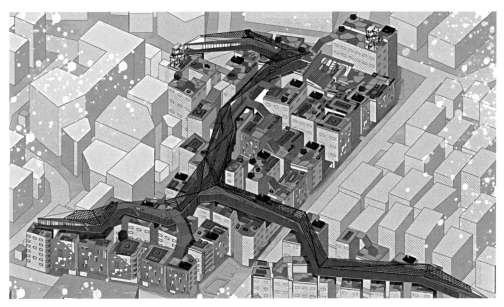

图 4.4.22　"生态屋顶"效果图

（2）垂直绿化设计

长涩村立体绿化的设计中，以"箱式"垂直绿化作为建设生态绿墙的主要形式（图 4.4.23），通过在建筑立面上安装箱式种植槽，待植物从种植槽中生长完成后覆盖建筑外立面，形成建筑墙体与绿植结合的统一设计。垂直绿墙具备维护成本低、景观美化效果好的特点，也能降低长涩村内噪声传播、扬尘等问题，形成室内与室外之间的一个"过滤器"。生态绿墙成为建筑立面的构成元素，用镂空的手法营造"生态表皮"作为造景空间，营造了半通透的室外自然环境，加强了城中村建筑的辨识度和景观性。垂直绿墙的"箱式"结构具有较强的组合灵活性，能够通过不同的组合方式形成不同的外观形式及图案变化。

垂直绿化A——正立面　　　垂直绿化A——侧立面　　　垂直绿化B——正立面　　　垂直绿化B——侧立面

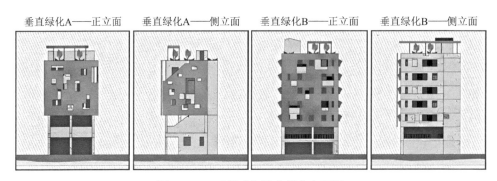

图 4.4.23　"箱式"垂直绿化立面图

小　结

我国快速的城市化导致了城市周边地区被大规模吞并，城市人口急剧增长。如今，我国城市发展已经进入存量阶段，将城市看作一个有机整体，并加以插入式、渐进式的持续更新，重塑城中村社区的空间价值，是现阶段城中村再生改造的重点之一。

从保护生态环境、文化脉络、社会网络完整性的角度出发，化解城中村与城市的矛盾，是现今城中村再生性改造的重要内容。通过改造实践，我们发现有机更新理念下推进城中村再生性改造必须首先围绕城中村整体发展，从居住空间到公共空间都应该得到全面考量；城中村改造中的各个部分应相互协调，同时各有特色，在保持原空间肌理相对完整的情况下强化区域的多样性。其次，注重城中村再生性改造中区域及建筑"三性"的延续，即城中村内环境及建筑的地域性、文化性和时代性。城中村内的街道及建筑的尺度、比例、风格、形态、材料、色彩、肌理、连续性等构成城中村社区空间的特殊性，在延续城中村空间特质的基础上进行空间活化，对优化城市景观、保护文化传承及提升人居环境质量具有巨大的促进意义。最后，在改造过程中鼓励民众参与，强调城中村再生性改造应当是一种适当规模、适合尺度、通过充分了解居民的需求而制定具体改造内容的改造模式，以城中村内影响人居环境质量的负面因素为对象，具体问题具体分析，列出整改清单，并制定周期性计划将负面因素逐个解决，实现项目的阶段性推进。

第五章

基于共生理论的城中村
公共空间再生性改造研究

　　快速城市化的背景下，城中村作为城市肌理中的独特现象，承载着丰富的社会文化价值与历史记忆，同时也面临着诸多发展困境与挑战。随着城乡融合与可持续发展理念的深入，如何在保留城中村特色与文化基因的同时，实现其功能更新与环境提升，成为城市规划与设计领域亟待解决的问题。共生理论，作为一种强调系统内各要素相互依存、互利共赢的理论框架，为城中村的再生性改造提供了新的思考视角与路径。

第一节　共生理论与城中村再生性改造

一、共生理论

1. 共生理论的内涵

　　共生是指两种不同生物之间所形成的紧密互利关系，在共生关系中，一方为另一方提供有利于生存的帮助，同时也获得对方的帮助。

　　建筑学领域中，1987年日本建筑师黑川纪章撰写的《共生的思想》出版，黑川纪章提到，"共生"思想是他结合生物学中的"共栖"与佛教"共存"组合出来的概念。1996年《共生的思想》再版为《新共生思想》，其中谈到共生不同于调和、共存、妥协。同时需要共生的两者"是包含对立与矛盾的内在竞争和紧张的关系中，建立起来的一种富有创造性的关系"，"是相互尊重个性和圣域，并扩展相互的共通领域的关系"，"是在相互对立的同时，又相互给予必要的、理解的和肯定的关系"，也是承认对立的双方与异质要素之间存在着"圣域"并对此表示尊敬的关系。

2. 共生理论的重要观点

　　无论两个事物之间有怎样相同或不同的异质要素，拆开进行具体分析，彼此都是由普遍领域、中间领域、圣域三个领域构成，而中间领域就是连接两个不同事物的过渡区域，也是促进两者融合的共生区域，共生理论最重要的特征在于"中间领域"和"圣域"。[①]

---

① 黑川纪章.新共生思想［M］.覃力，译.北京：中国轻工业出版社，2007：189.

（1）普遍领域

普遍领域是共生思想中着重描述的内容，即两个事物之间有共同规则。选取的对象为对立双方不同于彼此但又可以相互理解、渗透的部分，默认对立双方中都有的合理性部分，也承认彼此的一部分具有普遍性的内容。

（2）中间领域

中间领域是创造两个事物连接的部分，能够体现两个不同事物的共同规则。正是这种部分的连接，在对立的两个事物之间制造了缓冲地带，使得激烈对立的两者有了交流的区域，有了共生的可能性。随着两者的相互交流与渗透，交流形成的领域也在不断变动，其中不能被内外二元论所解释的空间也经常保持着流动的动态关系，如走廊连接了室内外两个空间，这种空间有利于人与人之间的交流，是非单一性的、能够被多元利用的、具有缓冲性质的、能够作为非实体性空间来把握的、具有多义性的暧昧领域，这就是中间领域。

（3）圣域

圣域即相互不可理解的领域。不同的文化传统、对立的双方、未知的领域，甚至不同的人之间都存在着圣域，共生就是承认这些不同圣域的存在，不因异质要素的差异而否定彼此，接受对立的不合理要素，对未知的领域表示尊敬。这是共生存在的前提，圣域也会随时代变化而发展，并不是原封不动地流传下去，若双方圣域要素差距范围过大，共生存在的可能性会减小，所以共生需要不同的圣域不断交流与对话。

正是有了这三个领域，共生才能区别于妥协、共存、混合，两者都带有独特的文化，得以在逐渐均质化的时代保留自身的圣域，因此要在认同的基础上找到彼此的互补元素，磨合好中间领域，甚至将圣域转变为新的普遍领域或中间领域，这样才能应对时代的挑战。

3. 共生理论的主要内容

依据上文，共生可以创造新的可能性的关系，共生思想涉及的领域广泛，基于已有的共生思想研究，结合现状，可归纳为以下几点：

（1）部分与整体的共生

铃木大拙（1870—1966）在"即非理论"中阐明了部分和整体、矛盾双方共存关系的基本哲理。例：山是山，我看山，山看我。我在看山的同时，山也在看我，即我与山（非我）某种程度上是同一的，大师认为矛盾的存在也是同一的存在，部分和整体的相互包含关系，即"即非理论"。由此，在摸索中黑川纪章认为自上而下的方法会导致忽略细节，而自下而上的堆加也无法保证整体性，设计中的"子"

与"整"可同步考虑，个体与全体相互矛盾的同时，并不失去各自的同一性，只有从宏观的角度出发构思，对局部的细节设计进行思考，考虑细节之间联系的整体性，以"子"到"整"的构思方式才最具有创造性，这就是部分与整体的共生。

（2）异质文化的共生

黑川纪章认为21世纪是"共生时代"，世界的变化是由众多微小变化积累而成的，包括经济、文化、生活方式、艺术、科技、政治在内的思维结构的重大变化，应重视个性与创造力，如果没有足够的创造力就无法在激烈的竞争中生存。各国彼此资源互惠，伴随对立与竞争的同时，必然会产生对话与合作，异质文化的共生是包括宗教在内的、能够自立于世的独特文化，是在各领域交汇中自然形成的。

（3）人类与自然的共生

黑川纪章提到日本在"与自然共生"的意识和与自然的交往方式上产生了矛盾，如对自然公园的要求调查中，人们不只想要全是树的森林，更想要能够带孩子进入的森林、能够用来日常生活与休闲的地方，这是希望生活与自然共生的表现。靠近城市周边的森林，也需使其与城市空间相连，成为能够被利用的森林资源，在注重生物多样性的生命时代，除了顺应自然、为谋求自身发展而使用自然资源以达到可持续，城市也需要恢复人类与自然共生的状态。

（4）人类与技术的共生

谈到技术，更多让人想起冰冷的机械化形象，在日本，技术反而是人的延伸，追溯到江户时代，机械代替人工的"机巧"思想明确展示出机械并不是表现自我，只不过扮演着人的角色，具有无限拟人化的魅力。现代生活离不开技术给生活带来的便捷，更不用说通过技术所享受到的恩惠，以人为本的技术思想、人类与技术共生的理念对21世纪来说有着十分重要的意义。

（5）内部与外部的共生

随着住宅中越来越注重私密空间，区分内部与外部的墙或隔断变得尤为重要。黑川纪章十分关注日本建筑内外互相渗透的空间，使其融合于自然。既是内部又是外部的空间在不同的季节给人不同的生活体验，内部与外部的巧妙组合亦能增强生活的趣味。

（6）历史与未来的共生

人类社会过去的事件和活动，系统地记录、研究和诠释的历史，都以自己的方式存在，不可改变，其中具有较大影响并与生活的过去、现在、未来具有巧妙联系性与不可替代性的部分变成了某种象征。建筑领域中，历史建筑的形象、制造工艺、社会背景都是时代精神的见证，可见传统与不可见传统都需要继承与发展，单纯地全部照搬照抄或者完全模仿个别的历史性象征的东西是毫无意义的，需要取其精华，去其糟粕，更要融入先进技术与材料，创造具有时代性的作品。

二、共生视角下城中村微改造的尝试

"微改造"中，"微"本义指隐蔽、隐匿，引申为细小、少、精妙深奥；"改"指改变、修改、改正；"造"指制作、做。而"微改造"中"改造"二字更贴近于修改原事物，使改造适合新的形式和需要之意。2015年《广州市城市更新办法》中第十四条：城市更新方式包括全面改造和微改造方式。其中明确指出，"微改造是指在维持现状建设格局基本不变的前提下，通过建筑局部拆建、建筑物功能置换、保留修缮，以及整治改善、保护、活化，完善基础设施等办法实施的更新方式，主要适用于建成区中对城市整体格局影响不大，但现状用地功能与周边发展存在矛盾、用地效率低、人居环境差的地块。"[①]

首先，城中村展现的滞后于城市发展的现状已经影响到城市的发展，城中村的优化升级刻不容缓，而城中村看得见的文化与看不见的文化、特色建筑、租房居住等，无一不在诉说新时代下城中村的价值。大拆大建和保留修复的方式已成为过去，保留修复的方法能最大化利用已有的资源，微改造正契合了这一特点，更有利于城中村在"保留"的基础上"增添"更多适宜的功能，满足城中村的改造需求。

其次，从共生的角度直面城中村与城市之间的问题，探讨城中村发展与城市发展间同质、异质因素，找到两者的"普通领域"和"圣域"，确定"中间领域"的范围，有利于用整体发展的思维重新看待城中村的更新问题，将可发展的积极因素串联起来，尊重"圣域"，发展"中间领域"，重视"普通领域"，找到城中村改造的新方向。

再者，"微改造"能从微观细节上整治改善、保护、活化城中村，"共生"从宏观上具体考量城中村的可发展因素，包括了看得见与看不见的物质和精神。这种微观与宏观、部分与整体的研究策略与研究视角，能够在城中村改造问题上发挥"1+1 > 2"的作用。

最后，基于以上内容，结合共生理论探讨城中村的微改造设计方法，具有一定的现实价值意义，以具体的城中村为例并进行改造，能够为不同的城中村改造提供理论参考，在为城中村发展注入生机的同时，促进城乡和谐发展，进一步丰富我国

---

① 广州市人民政府.广州市城市更新办法［Z/OL］.（2019-07-06）［2024-04-07］. https://www.
gd.gov.cn/zwgk/wjk/zcfgk/content/post_2531950.html.

城中村微改造的实践经验。

第二节 基于共生理论的城中村
再生性改造中微改造的必要性

改造可对建筑进行局部拆建或功能置换，能够修缮整改、保护完善甚至补足基础设施，所以微改造对推动城中村的改造升级有很大的现实意义，具有较强的可行性及必要性。针对目前城中村出现的一系列问题，笔者将共生理念融入城中村微改造中进行研究，以广州城中村为研究对象，分析在城中村公共空间再生性改造中运用微改造手段的必要性，结合城中村问题所在，找到城中村在再生性改造过程融入微改造的方法策略。

一、共生理论与微改造的辩证关系

城中村的高密度建筑区域，数量规模庞大、分布范围广泛、底层密度高，而城中村的形成、发展、现状及未来对城市的发展有着重要的影响。城中村改造迫在眉睫，但许多城中村的规划设计与研究分析只注重形式或只停留在理论阶段，而忽视了居民生活的实际需求，对城中村与城市之间共生依存的关系思考较少。

通过分析不难发现，城村共生是现阶段城市发展存量时代的新思路，共生理论介入城中村的再生性改造是有一定的价值和意义的。从城村共生的角度提出城中村的再生性改造方式，能补足功能、改善人居环境，城中村改造涉及众多因素，这些因素或多或少与人产生联系，城中村的改造也离不开人性化因素的考虑，解决城中村问题有助于加强城中村和城市居民生活的联系性，能更进一步满足人们的需求，无形中提升居民的生活品质，居民的幸福感也会随之攀升。这对提升城中村居民的生活归属感起到最为直接的现实作用，对城市更新发展过程中的城村融合有一定的现实参考价值。

二、城中村再生性改造中微改造的优势

城市的发展造就了城中村，事物的发展是循环往复的，改造城中村的方法也在不断精进，微改造的动静微小，但效果却是长远的，并在实践中能逐步优化，在城中村的再生更新过程中全面考虑微改造的方法具有众多优势。

1.化繁为简，接受度高

以往的改造不是完全保留就是整片拆除，在确定方案、落实工作、验收成果的所有环节中，根据改造主体，不可避免会动用多方力量，过程漫长耗时，甚至会产生社会矛盾。微改造更能将改造权利交由当地居民或者村委会，在政策支持的前提下引进企业入资，达到减少交接环节、简化改造内容、缩短改造时间的目的，居民拥有更多的话语权，更有意愿出资改造，接受度更高，能减少改造的社会矛盾，更易推动改造进程。

2.循序渐进，效果显著

城中村微改造涉及私密空间与公共空间，可改造细节众多，相比之下，公共空间的改造更能引起整个城中村的功能与外貌变革，达到改造目的，小范围局部改造的成效更快，可避免铺张浪费，有效发挥村集体民主权益，亦有居民会自愿用资金"微整"私密空间，效果显著。微改造能迎合城中村的脉络肌理，达到由点到线、由线到面的连接效果，不会因后续的改造推翻之前的成果，逐步渐进的改造方式更具持续性。

3.减缓资源浪费，降低改造成本

微改造过程中会尽可能地使用城中村的原有物资，做到资源的合理利用，拆除不适应城中村发展、城市发展的部分，重新使用有价值的部分，改造或新建的部分都能发挥最大效益，一定程度上减缓资源浪费，有效减少改造支出，降低改造整体成本。

4.保留特色文化

区域特有的文字符号、建筑特色、生活习惯、物质和非物质的文化特色都被城市发展淹没。以往追求眼前利益的城中村改造，只注重物质环境品质的提升，若强行改造成周边城市发展的样貌，也未必能融合城中村独特的精神品质，视觉可见的建筑样式、特色颜色偏好、窗花和纹路符号等都可能逐渐失去踪迹。与城市的钢筋水泥相比，城中村还保留了区域的历史发展痕迹，特别是祠堂文化与宗族关系也会促使外出人员回乡祭祖寻乡根，而微改造对其街道、路标、建筑、公共设施、生活设施、公共空间和特色区域进行分类整改，响应"一村一策"，能够保留其独特的精神与物质文化，融入后期的改造中。

三、城市更新存量时代城中村微改造的必要性

随着人们对生活质量要求的提高，仅有看得见的客观物质已经不能满足精神世界的要求，微改造能打通城中村和城市之间有形与无形的壁垒，改造设计中以保留

城中村特点，充分挖掘城中村建筑和周围生活环境之间可关联、可调和的部分，善于利用现有的、先进的科技结合微改造促进城中村升级发展。笔者探究现今城中村改造中微改造的必要性有以下两点原因。

1.城市快速发展的需求

其一，拥有好的、多的、优质发展资源与机遇的城市，这样的城市大概率会成为新一代年轻人求职的目的地，城市需要发展、建设、管理，才能逐步、逐年容纳不同群体的加入，但城市中部分城中村占据城市优越的地理位置与土地，而城中村的基础设施、基础功能、生活环境却远远滞后于周边城市的发展。从城市发展角度看，若能合理利用好城中村的地理位置或是土地面积，特别是位于城市中心位置的城中村，无疑更能促进城市整体发展，美化城市环境（图5.2.1）。

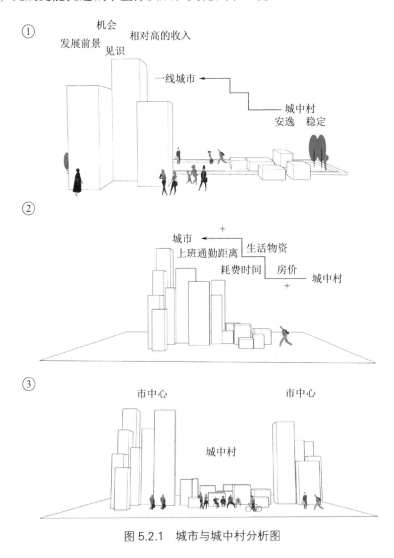

图 5.2.1　城市与城中村分析图

其二，城中村的改造方式在不同的时期有不同的方法。早期对待城中村会采用"大拆大建"或"完全保留"的方式，不管是哪种方式都会造成资源上的浪费。"大拆大建"耗费了人力物力，部分可利用资源也变成了废弃物；"完全保留"原封不动地保留了可利用与无用资源，若一成不变，城中村可能会消失在城市发展中，不仅违背了"完全保留"的初心，也使可利用资源逐渐失去利用价值，间接损害了城市利益（图5.2.2）。

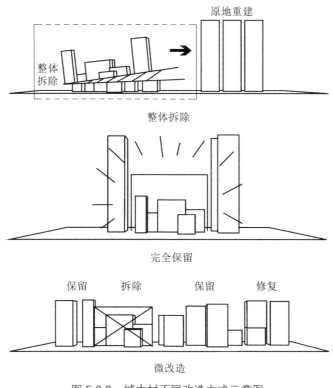

图 5.2.2 城中村不同改造方式示意图

2. 城中村内居民的生活需求

其一，大部分城中村村民为了获得更多利益，私自采用多种方式违规加建或者改造（表5.2.1），导致城中村大多存在"握手楼""一线天"的情况。这些城中村建筑年代久远，光照、通风、自然环境差，基础设施短缺，设备老化，城中村生活质量不达标准，无论是物质还是精神方面，此地居民都迫切希望改变。因此，不管以什么样的方式进行改造，城中村内的居民能得到一定的益处。如果大改，居民能获得一笔不小的赔偿补助；若小改，则能提升居民的生活环境质量，提升居住的品质。不管是内部改造，还是外部改造，都能在某个方面促进与城市融合，甚至能产生更多的就业岗位，带动城中村内部的经济发展。

城中村房屋建造方式分析 表 5.2.1

建造方式	图示
叠加式	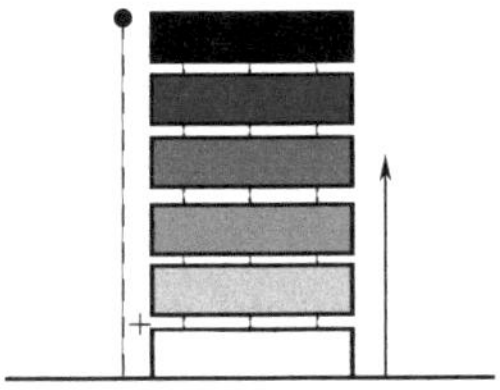
直立式	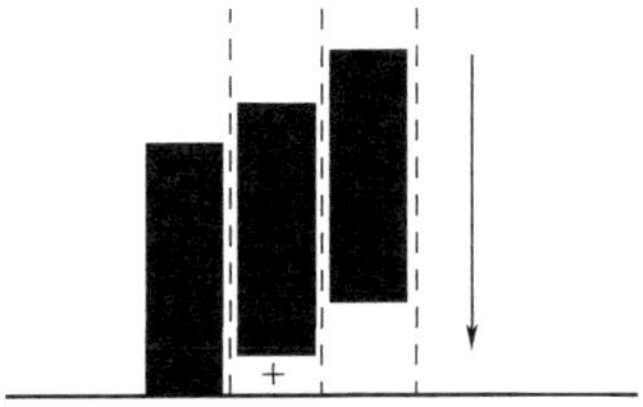
外扩式	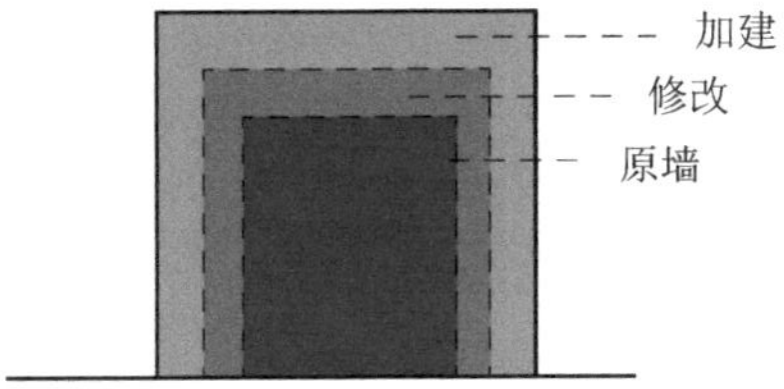

其二，微改造是循序渐进、逐步深入的小范围改造、修补与增添，将可用材料使用率发挥到极致，减少成本支出，且微改造能有效结合"三位一体"的方式，能够满足各主体的需求，居民有积极性，既能保证改造不是一时心血来潮，又能顺应居民节约资源的心理。

综上所述，微改造能以小见大，在补足基础设施功能、增添积极因素中促进该地发展，甚至能转化不可发展因素，剔除有害因素，顺应时代和城市发展的需要。这是城市发展的选择，也是居民的需求。

四、共生理论下城中村微改造的原则

1.适度性原则——"微"

"微"是微改造区别于大拆大建的首要特性。"微"适应小范围改造，前提是改造区域有不便于大拆、大建、大改的需要改造的主体，且改造后有明显的更新效果。在保持改造现状基本不变的前提下，微改造的主体是由"单"变"多"的过程，更是多项"单"变多项"多"的综合结果，多项"单"与"多"的微改造效果共同串联，以此遍布整个改造区域。这都需要从区域内改造节点的特征入手，进行小范围的更新与功能置换，由一个小范围变为多个小范围，多个小范围覆盖整个改造区域，需要适度选择范围、改造主体、改造内容，做到"针灸治病"，这就是微改造的适度性原则。

2. 更新性原则——"改"

"改"是微改造城中村的基础功能。城中村滞后于城市发展，其交通路线、房屋建筑、生活环境、区域功能等都与周边发展存在矛盾，可调和的矛盾使得城中村能继续按照固有的节奏发展，不可调和的矛盾甚至激化了城市矛盾，引发社会问题。"改"的特点：①有主体必须得改；②一部分需要保留利用，对改造主体不可调和的部分进行优化升级；③改造后的主体相对于改造前更适合城中村的生活规则，甚至一定程度上促进城中村更新。通过微改造改善需改造物体的外貌、结构，加强其实用性，在保护改造区域的同时，活化这片区域基础设施，拉近与周边区域之间的差距，这就是微改造的更新性原则。

3. 补充性原则——"造"

"造"是微改造隐藏的升级功能。微改造字面体现更多的是"改造"二字，但在实际运用中既注重"改"又注重"造"，"改造"在城中村中更多是修改原有事物，其中"造"指制作、做，具有形成新事物之意。"造"的特点：①改造主体必须得"造"；②改造主体必须保留但无可保留的部分时，需进行加减改造；③需要添加设施来补足区域缺少部分功能。因此，微改造能完善城中村的事物，更能增添周围城市区域拥有而城中村没有的事物，达到完善甚至加强基础设施的效果，这就是微改造的补充性原则。

4. 实用性原则——"以人为本"

微改造对象是人类生活的环境、私密空间或公共空间使用的设施、环境、工具等。推动城中村改造以适应城市发展必然能带来很大的益处，此处首先需要明确的一点是，需要被改造的城中村区域，其部分功能、基础设施、环境可能不适宜人们使用，甚至给居民生活带来不便，而非自然界的人类社会里，所有事物最终的目的都是为人服务，不适宜人生活使用的事物都在随时间的发展逐步优化升级。因此，在强调物质与精神双重享受的时代，更是一切以人为本，改造后的主体也必须更适宜人类使用，为人类生活带来益处，更符合人体工程学与环境心理学，具有可操作、快捷性、方便性，这就是微改造的实用性原则。

5. 整体性原则——"统一标准"

微改造在行动上是在改造区域进行小范围的修缮保护与功能置换，实际上是整片区域中可以进行类似改造的都会被纳入设计范围，进行同步微改造，可由城中村外围向中心改造，也可先改一部分再改剩余的部分，不是只选择性更新一小部分，而是考虑到整个城中村的相似元素。这样微改造才能通过改造激活城中村各脉络网点，通过改造串联相似元素，达到更新城中村的目的。城中村每村的情况不一，需具体问题具体分析，也不能用统一的标准对待所有的城中村，但在某一个城中村内，需要一定程度上统一标准，这样才能让微改造的部分更贴近该村的特性，从而使城中村融入周边城市。

第三节　基于共生理论的城中村公共空间再生性改造设计方法探讨

一、城中村公共空间分析

1. 区位分析

首先对城中村的交通区位进行分析，包括村子周边及村子内部的交通系统，通过对交通系统的分析来确定改造区域的侧重点。其次对城中村的经济区位进行分析，村子周边的基础业态比较复杂且分散，而相较于周边环境，村内业态单一，其内部生活服务等基础设施缺乏，私人经营的小成本买卖较多，城中村密集的房屋、混乱的产权、脏乱差的居住环境，抑制并打消了新兴产业在村内发展的念头，但房屋租赁却契合了多数外来务工人员的需求，更是城中村居民收入的重要来源。最后对城中村的经济区位进行分析，每个城中村都有自己独特的宗祠文化，随着务工人员与高校毕业生的不断涌入，新时代的社会文化与流行元素在此交汇，而祠堂文化也是城市缺少的区域文化，这种交流与融合是支撑城中村焕发生机的动力之一。

2. 城中村公共空间分布及使用情况分析

城中村肌理是社会生活不断发展、演变形成的结果，是维系城中村秩序，也是城中村在房屋日益密集的状况下还能稳定按照固有节奏发展的重要影响因素之一。首先，由城中村内部主干道、休闲娱乐场所、街巷小路所形成的"街巷空间＋公共空间"的空间场所和道路交会形成的空间节点，是土地面积紧张、居住密度较大的城中村居民休憩的舒缓地带，同时，也是引导居民进入城中村各处的"导航"。其次，城中村房屋密集，除去私人空间，由"街巷空间＋公共空间"组成的空间是城中村居民所有的公共性活动场所。再者，城中村的部分祠堂也摒弃了严肃的自我约束的公共意识，合理化了部分空间，成为本次居民活动的公共场所，是集文化和休闲功能于一体的公共空间。最后，依据城中村公共空间的特征，将城中村公共空间划分为"点"状空间、"线"状空间和"面"状空间。

通过将城中村的公共空间分为"点"状空间、"线"状空间、"面"状空间三大类型，分析各个类型空间的使用情况，得出城中村的公共空间不仅供居民日常休闲，部分空间更是城中村室内功能向外延伸的场所，也是不可割舍的休闲场所。其使用情况如下：

（1）"点"状空间

①建筑之间散碎的小空间

生活便利促使居民将废弃物或代步工具安置在这里，部分居民也会选择种植花草，或者延伸自家屋子的墙线至道路线，补齐看起来不规整的小块土地轮廓形状，与周围平齐，有的小空间还会成为居民的垃圾堆放处。

②祠堂开放空间、老房屋荒废空间

城中村的祠堂不仅用于祭祀，还是承办城中村日常会议商讨、婚宴、丧事、寿宴、节假日活动的场所，同时有些祠堂经过修缮，居民在此聚集交流，无形中默认了其为村内的公共活动场所。荒废老房屋的空间，如今杂草丛生，废弃物乱置。

（2）"线"状空间

在以交通路线为导向的步行空间中，经过调研分析，笔者将城中村内部道路分为三个级别：①一级路宽度是2500～2000mm；②二级路宽度是2000～1200mm；③三级路宽度是1200mm以下。

一级路为内部的主干路，是轻巧的代步车行驶的路线；二级路为一级路的分支，虽然路面积小，但人车流量也少，使得二级路有了更多的空间可以被居民利用；三级路为房屋之间的间隔小路，其空间狭小，利用率很低。

（3）"面"状空间

"面"状空间大多数为村内较大的公共活动区域，此类空间的使用情况较为多样，例如作为宣扬村内文脉的文化场所、健身娱乐休闲的活动场所或者是居民停放车辆的场所，等等。

二、城中村公共空间的功能需求分析

经调研分析，由于内部空间不足，城中村公共空间分担了一部分内部空间的功能，这种不得已占用公共空间导致内外空间界限模糊的现状，亦从侧面反映出城中

151

村公共空间的非正常利用状况，居民对公共空间的使用有一定设想，希望能满足交往聚集、娱乐休闲、绿化观赏、活动欢庆等功能需求。

1. 交往聚集需求

交往是让人融入周围环境，脱离独居、孤独感受，与他人产生交集、建立联系最快的方式。生活离不开交往，无论是直接交往或间接交往、长期交往或短期交往、个人交往或群众性交往，都需要与人打交道，需要场地与基础设施，需要空间与时间。

2. 文娱休闲需求

城中村内不同年龄群众的物质与精神需求各不相同，因此公共空间需要提供能容纳多个年龄群体的各类活动空间，如亲子活动空间、老年活动空间等，这些空间中要有亲子互动的器材，能在丰富孩子生活娱乐的同时，给予家长休闲的设施，更要便于老年人使用。

3. 绿化观赏需求

即使城中村没有种植条件，居民也会创造条件进行种植，相比于周边城市合理规划的绿植带，在城中村内部缺少光照，植物成活率不高，村内绿植率偏低，满足不了居民观赏的需求。

4. 活动欢庆需求

有些城中村建村历史悠久，其历史文化是城中村乃至城市少有的宝贵精神财富，也是后辈子孙寻根溯源的场所。城中村需要文化活动来传承发扬其历史文化，这也有利于形成稳固、健康的居住关系。

三、共生理论下城中村公共空间再生性改造设计方法

依据城中村居民对公共空间功能的需求，以及对城中村已有的"点"状空间——房屋之间散碎的小空间、开放祠堂和荒废老房屋的空间分析，"线"状空间——各级道路使用状况的分析，"面"状空间——集散地的分析，确定了以边缘空间、街角空间、荒地空间、绿植空间四大空间为主的改造设计。

1. 边缘空间——区域优化

区域优化不是城中村整体优化，而是基于共生理念，选择与城市相接的、城中村边缘区的、特定区域的城中村进行渐进式区域优化改造。其一，注意"区域"，从当下考虑，城中村租赁产业发达，与城市接壤的区域，不管是采光通风或交通条件都会比城中村内部更为便利，会成为更多外地务工人员、应届毕业生、目前租房资金不充裕等人群选择居住的地方，而人聚集的地方亦是问题集中存在的地方。先

解决作为城中村集散点的边缘空间的此类问题，才能更好地解决内部空间的其他问题。从长远考虑，先改动与城市相接的地方，那么这一部分就变成了"升级版本"的城中村区域，再去改动与这个区域相连接的城中村其他区域，以此类推，进而达到改造整个城中村的目的。其二，注意"优化"，对现有环境加以改变或选择使其优化，遵循微改造的原则，尽可能地保留原有可用的资源，优化现状中不合理的基本布局、基础设施，添加符合区域居民生活习惯的相关物件，减少不必要的消耗。

2. 街角空间——复合升级

深究城中村内部脏、乱、差的原因，很大程度上是由于建筑内部空间狭小，部分室内功能缺失，导致居民占用公共空间满足自身需求而引起的，对于这些现象需要探究城中村内缺失的具体是哪部分功能。调研发现居民大多是利用公共空间（例如街角空间）停放车辆、晾晒、玩耍、放置废弃物或与生活有关的、需要灵活移动的、长久不用的物品，也会进行休闲娱乐活动。因此，可利用设计将居民的需求进行复合叠加，将原有移动的空间变为固定的地点，而这种可拆卸的组合形式，更具有灵活性，也能提升空间的利用度。

3. 荒地空间——功能置入

功能置入是在城中村内增加城中村原有但数量不足的、缺少的功能，而城中村或多或少都有类似的空间，这种功能的置入，不一定是城市非常前沿的社会功能的置入，而是与城中村居民日常生活相关的，可能是过去习惯的部分生活设施，可能是现在城中村中缺少的吃、喝、玩、乐等场所，可能是生活中缺少但需要使用的基础设施。需注意的是，这些功能一般都不是大体量的物体，但却是目前城中村内居民生活缺少且需要的功能。

4. 绿植空间——多元更新

在城中村改造设计中的多元更新主要是指在绿植空间中融入不同的功能，如休闲功能、娱乐功能等，且是依托城中村的文化进行设计。如某个区域的公共空间只能呈现观景功能，居民只好自带凳椅进行休闲与交谈，这样的空间实际上满足了观景、休闲、社会交往的功能，其中休闲与社会交往功能是由居民带凳椅形成的，是潜在的功能，在后期改造中可以将这些功能融合在一个空间里，将潜在的功能用空间的基础设施或设计表现出来。需强调的是，"多元"也要注意改造的适度性、更新性、补充性、实用性、整体性原则，不要强行将所有功能堆砌在一起，需要考察具体的城中村空间，根据其特点与居民生活习惯进行适应性融合，多元更新与区域面积大小没有太大关系，但与居民的需求和实际环境有直接关系。因此，多元更新强调居民的自身需求，改造前着重观察居民的行为方式，需要挖掘居民的生活习惯。

四、共生理论下城中村微改造的优化效果

归纳城中村不同的空间形式，针对"点""线""面"空间的不同问题，提出区域优化、复合升级、功能置入、多元更新的设计方法，进而得出城中村公共空间微改造策略：修补完善空间功能、有效利用散碎空间、丰富场所活动形式、提升生活满意指数。

1. 修补完善空间功能

微改造遵循适度性、更新性、补充性的基础原则：①通过细微的修补，适度维修基础设施，既不全盘否定又利用好基本材料；②对不能使用或功能欠缺的设施进行更新换代，促进城中村基础设施升级；③增设城中村本应该有却没有的基础设施，满足空间功能。微改造通过细小的修补与置入，能在不大变的基础上补足缺失的功能。

2. 有效利用散碎空间

室内面积狭小，导致部分功能外溢，居民就近利用室外空间堆放废弃物、晾晒衣服。微改造建立在"微""改"的基础上，"造"能够利用城中村肌理、周边环境、闲置空间进行修缮与补足，这不仅是在原有的基础设施上改造升级，更能合理利用"边角料"空间、不规则空间。废弃空间再利用中，无论是种植、停放车辆或是休闲交谈，房屋之间的散碎空间都能发挥大作用。利用好不规则的散碎空间，不仅能满足居民的部分需求，更能通过改造美化内部环境，一举两得。

3. 丰富场所活动形式

基于共生理论的城中村微改造参考周围城市的活动形式，经过对比得出可使城中村与周边城市共生融合的微改造策略。在修补完善空间功能的基础上，进一步整合城中村内的散碎空间，并能根据区域的特点加入不同的基础活动设施，可进一步满足不同年龄层次人群的需求，更能发挥空间交互的作用，丰富城中村的活动方式，如加入健身器材、规划亲子空间等都能丰富居民的活动内容，村容村貌的修补也能让城中村顺应城市发展，利用改造后的空间开展更多有意思的公共活动。

4. 提升生活满意指数

城中村位于城市中心地带，其一，低廉的房租吸引务工者居住，近几年随着高校毕业生与都市白领的入驻，城中村整体的受教育水平逐年提高，若在城中村脏、乱、差的基础上进行微改造整治环境，补足缺失的基础功能甚至增加功能，能够提高城中村居住的附加及潜在条件；其二，有趣、新颖、健康的公共场所环境能吸引居民遛弯休闲，舒适的环境、和谐的生活场景也能让身处异地的居民找到归属感；

其三，在改造中注意与周边城市的共生发展，加强与城市的联系性，能让居民从心底认可居住的地方，加强居民的城市居住感与融入感。因此，基于共生理论的微改造能很大程度上提升城中村居民的居住幸福感。

第四节　基于共生理论的城中村公共空间再生性改造设计实践

基于共生理论对城中村公共空间进行再生性改造设计实践，尝试通过促进人与环境、传统与现代、城中村与城市的和谐共生，实现城中村空间的再生。深入挖掘城中村独有的文化肌理与社会生态，采用参与式设计理念，探索既有历史文化传承，又能满足现代功能需求的公共空间改造方案。通过灵活的空间重组以及本土文化元素的艺术化呈现，来激活城中村活力，提升居民生活质量。共生理论的应用，不仅促进了物理空间的优化，更重要的是，它强化了城中村与周边城市区域之间的紧密联系。

一、车陂村的基本概况分析

1. 区位分析

交通区位分析：其一，车陂村位于广州市天河区东面，东靠广州环城高速，南至黄埔大道中路、黄埔大道东路，西近车陂路，北达广园快速路。周边的交通系统较为完善，地铁4号线与5号线交叉于车陂南站，5号线可达天河、4号线可达南沙，东陂南站与车陂站、东圃站三个地铁站三面包围车陂村，公交车、BRT站更是环绕四周，能满足车陂村内部的出行需求，更能快速到达广州市中心各商圈位置（图5.4.1）。其二，本研究中车陂村的具体研究范围为车陂涌沿河两岸的房屋密集区域。

车陂涌将车陂村一分为二，以河涌为轴，西侧区域面积多于东侧区域面积，东侧区域的道路规划、基础设施得到整改修缮，渐与周围城市融合，整体状况优于河涌西侧。因此，本次改造的重心放在河涌西侧，将河涌西侧划分为A区、B区、C区、D区、E区。其中，E区接近周边城市，近地铁、公交等站点，并有不同程度的修缮，A区、B区、C区、D区为本次研究范围（图5.4.2）。

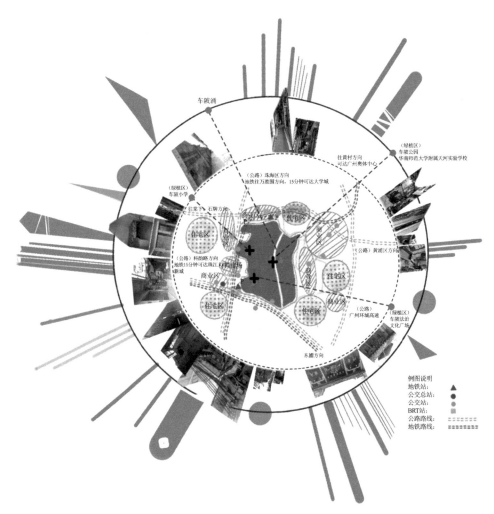

图 5.4.1　交通区位分析

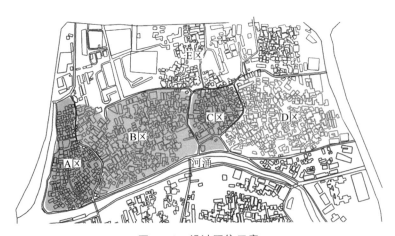

图 5.4.2　设计区位示意

2. 人群特征分析

车陂村发展至今，除去此地的居民，越来越多的外地务工者入驻车陂村，笔者分析如下：

（1）从年龄的角度分析：2020 年《广州日报》在车陂村社区防控的相关报道中提到，"车陂村常住人口约 12 万人"，从 2023 年车陂村的数据来看（图 5.4.3），居住客群人数与办公客群人数的占比：18 岁以下的达到 23.23％与 0.35％，19 ～ 24 岁是 17.76％与 19.82％，25 ～ 34 岁是 26.28％与 34.87％，35 ～ 44 岁是 18.79％与 28.87％，45 ～ 54 岁是 6.88％与 11.79％，55 岁以上是 7.06％与 4.3％。不难发现，19 ～ 44 岁人群是车陂村主要人群，同时小孩的成长、学习及老人的养老问题同样是值得关注的重点问题。

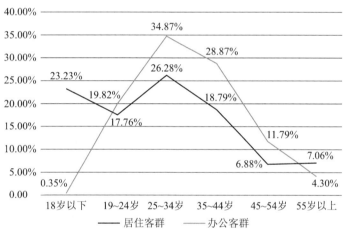

图 5.4.3　居住客群与办公客群年龄占比分析（2023 年）

（2）从学历与工资的角度分析：以高中、专科、本科为例，车陂村的办公客群学历整体高于居住客群（图 5.4.4）。车陂村的居民收入多数为 5000 ～ 15000 元（图 5.4.5），据笔者调查访问，越来越多的高校毕业生，以及为了好的机遇、工作机会想留在广州的人，相比于环境优美、租金昂贵的城市社区，更大概率会选择租金较低的城中村。部分收入在此区间的居民认为和周围城市社区相比，住在城中村能省下一笔房租支出，补贴生活其他方面的开支，同时，留有余力的居民在能力范围之内，还能选择城中村地段好的、朝南的、近城市社区的房屋，进一步满足精神上的需求。

（3）从活动时间的角度分析：据观察，中老年人会在 6 点至 11 点外出买菜及休闲娱乐，12 点至 14 点吃饭、休息，15 点至 17 点休闲娱乐，18 点左右吃晚饭，

19 点至 22 点休闲娱乐；已经工作的青年人，工作日 6 点至 9 点在上班途中，中午一般不回住处，17 点至 19 点在下班途中，下班后的时间由青年人自由支配，周末时间安排更灵活；不论哪个年龄段的学生，6 点至 8 点都在上学途中，12 点至 14 点为午休时间，17 点至 19 点放学回家，其余时间完成课后作业，进行休闲娱乐。

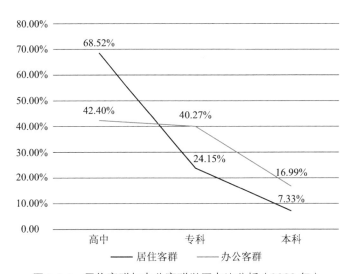

图 5.4.4　居住客群与办公客群学历占比分析（2023 年）

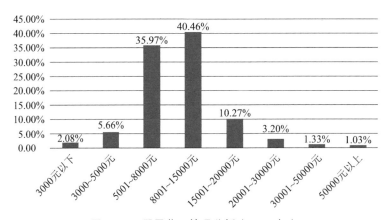

图 5.4.5　居民收入情况分析（2023 年）

3. 民俗文化分析

民俗文化即传统文化，是生产生活过程中所形成的物质与非物质的总和，记录并挖掘城中村的民俗文化有利于找回城市记忆，唤醒城市区域记忆的共性和凝聚力，共同的文化能使人获得认同感，增强归属感。

　　车陂始于唐朝，兴于宋末元初，为了纪念名叫龙溪的王道夫裔孙，将流经村中心的河流取名龙溪，龙溪村因此得名，清康熙二十五年（1686年）番禺鹿步司设12个堡，龙溪村归属车陂堡，以堡为名而称"车陂"。悠久的历史与穿村而过的河流孕育了车陂独特的祠堂文化与龙舟文化。

　　车陂村是客家聚居的村落，由宗族长期演变之后形成，以血缘、亲缘关系为纽带的宗族文化在长期迁徙与繁衍中延绵至今，祠堂记载了先辈的丰功伟绩，是居民日常举办活动、民主商议的中心，同时也是后辈祭祖、追根溯源的场所。其独有的历史文化与传递给后人的精神，使此地居民具有很高的文化认同感，而村内的梁、郝、黄、简、黎、马、麦、王、苏九大姓氏中，梁氏宗祠的规模最大。此外，车陂龙舟文化盛行，龙舟比赛自1978年恢复后延续至今（图5.4.6），由村内九大姓氏牵头组建了12个龙船会，"车陂景"是车陂龙舟的最大特色。每年的农历五月初三是车陂的"招景"日，车陂人以龙会友、游龙探亲、斗标、吃龙船饭和龙舟饼、看龙船戏等活动热闹非凡，各村的龙舟会到车陂村拜访探亲，是广府龙舟文化的典型代表。车陂扒龙舟于2017年5月正式被列为广州市非物质文化遗产，且入选了广东省2021～2023年度"中国民间文化艺术之乡"推荐名单。

图 5.4.6　车陂村龙舟比赛

二、车陂村公共空间分布及使用情况分析

1. 公共空间分布情况

依据车陂村公共空间的特征，将车陂村公共空间划分为"点"状空间、"线"状空间、"面"状空间（图 5.4.7）。

"点"状空间　　　　　　"线"状空间　　　　　　"面"状空间

图 5.4.7　车陂村公共空间分类分析

（1）"点"状空间

"点"状空间多在车陂村内部，是车陂村发展过程中自然因素与人为因素共同影响形成的（表 5.4.1）。

"点"状空间现状图　　　　　　　　　　　　　　　　表 5.4.1

空间类型	现场场景
点状空间	

其一，车陂村内部空间中，随着村落的发展及居民房屋自拆自建，不合理的规划建造产生许多零碎、散碎的小空间。在这些由房屋夹杂而成的形状、大小不一的小空间中，部分小空间邻近居民住房，一定程度上舒缓了车陂村内部密集房屋的紧

张感，也成为居民就近休闲娱乐的场所。

其二，祠堂内部开放的空间面积虽小，却较一般散碎空间面积大，而祠堂也根据居民的需求利用空间堆放节庆物品或增添部分功能，如乒乓球桌、桌椅等，除了必要时作为集合地点商讨村内事务，其余时间多开放作为居民休闲场所，灵活性较大。因此，"点"状空间多为室外的零碎小空间与祠堂内部可利用的部分开放空间。

（2）"线"状空间

"线"状空间（表 5.4.2）多为车陂村内连续、不连续的交通空间，是居民日常使用频率较高的空间类型。除了主路可行车辆，其余多为步行系统，引导居民日常出行。城中村房屋内部多为狭窄小空间，休憩娱乐空间不足，越往村内走，房屋之间的街巷空间利用率越高。居民违规加建占用公共土地面积，就近利用部分交通路线或占用其中不规则的角落空间，室内空间功能外溢现象明显。

"线"状空间现状图　　　　　　　　　表 5.4.2

空间类型	现场场景
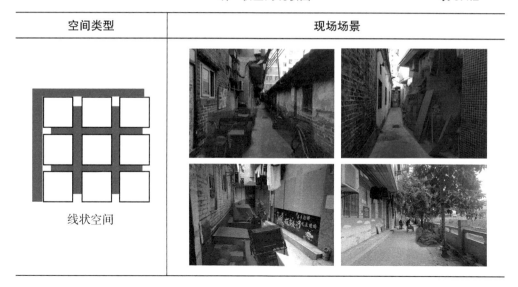	

（3）"面"状空间

"面"状空间指以车陂涌为主的沿河两岸的公共活动区域，或由房屋围合而形成的空地区域（表 5.4.3）。其一，车陂公园、沙美公园分布在车陂涌两岸，车陂涌两岸是车陂村公共空间面积最大、娱乐休闲设施最全的地方。如今车陂涌"L"形拐角处有块空闲地，野草丛生；以河涌小桥为节点的两岸有部分规则空间能供居民休闲。其二，一部分祠堂建筑等老房子在城市化进程下变成无人居住、修缮的废弃的房屋，这部分建筑大多呈四边形，夹杂在房屋中间，杂草丛生，最终被封锁或变成杂物基地。

"面"状空间现状图   表 5.4.3

空间类型	现场场景
 面状空间	

2. 公共空间使用情况

车陂村的公共空间不仅供居民日常休闲，部分空间更是室内功能向外延伸的场所，也是不可割舍的休闲场所，其使用状况如下：

（1）"点"状空间

①建筑间散碎小空间

城中村土地产权混乱，违规建筑众多，早期居民的盲目建造产生许多边角料般的、散碎的空间（表 5.4.4）。在后期的发展中，一方面居民意识到屋子内部空间狭窄，无法置放一些不经常使用的物体，另一方面随着居民居住的感受性要求的提高，生活便利亦促使居民将废弃物或代步工具安置在这里，部分居民也会选择种植花草，或者延伸自家屋子的墙线至道路线，补齐土地轮廓与周围平齐，较大的小空间还会成为居民的垃圾堆放处。

②祠堂空间和荒废闲置空间

祠堂不仅用于祭祀，更是车陂村日常议会商讨、后辈子孙办理婚宴、丧事、寿宴、节假日活动的场所，祠堂多在车陂村内部交通流线干道的一侧或交叉路口。一部分祠堂常年不对外开放，仅能从门外看到现有屋檐、砖瓦的状况；另一部分祠堂在修缮的同时对外开放。一些经过修缮并增添新器材的祠堂，夹杂在居民楼中间，成为居民楼中间的"凹"处，祠堂有天井通风、阳光照射、少数盆栽绿植。前厅天井和两侧都为居民自由活动的区域，在祠堂的不断修缮维护中补充了功能设施，如利用祠堂场地，灵活放入乒乓球台、象棋等桌椅设施；开放的祠堂吸引了老辈居民在此休闲娱乐、聊天游戏；青年人带领小孩子在祠堂内部游玩学习，提供的桌椅板凳更是小孩子写字的好地方。居民在此互动交流，无形中默认了此地为固定活动地点，养成了固定时间、固定地点的活动习惯。有些经过修缮但未增添新设施、器材的祠堂，其前厅亦整齐地摆放了婚宴、丧事、寿宴等活动所需的桌椅，同时，居民随时可自拿小板凳进入祠堂与好友谈天论地。

建筑间散碎小空间使用现状　　　　　　　　　　　表 5.4.4

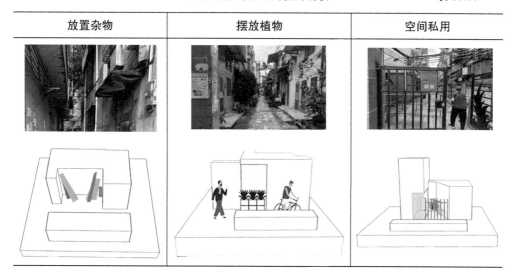

放置杂物	摆放植物	空间私用

　　在村内还有许多老房屋，在村落发展过程中变成了荒废的闲置空间，有些已经是杂草丛生，废弃物乱置（表 5.4.5）。

祠堂空间和荒废闲置空间的现状分析　　　　　　　表 5.4.5

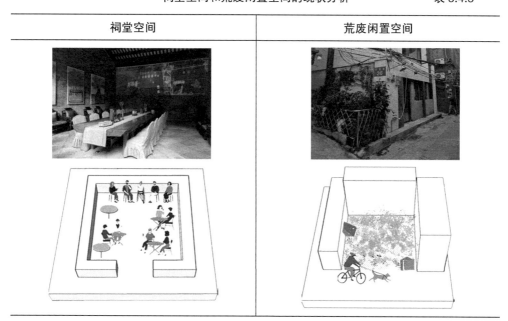

祠堂空间	荒废闲置空间

（2）"线"状空间

在以交通路线为导向的步行空间中，将车陂村内部道路分为三个级别：一级路宽度是 2 ～ 2.5m；二级路宽度是 1.2 ～ 2m；三级路宽度是 1.2m 以下。

一级路为村子主干路，多是自行车、电动车、摩托车、小三轮等轻巧代步车行驶的路线，一般两车并行已经达到道路能容纳的最大宽度，且村内的日用品小店、餐饮、洗剪吹等小成本店面多在此类干道两侧经营，由于店面狭小，许多小店老板会在开张营业的时候将营业物品或工具挪出店面，占用道路两侧的空间。

二级路为一级路的分支，是居民通往住所的主要巷道，二级路比一级路面积更小，在村内物业管理下，很多转角处安装了摄像头，但采光、通风条件不如一级路。二级路分散在村内各个区域，较少的人行车行让二级路显得更加静谧。但二级路的很多空间被居民占用，如在门槛上方晾晒以及用作电动车停车点、废弃物放置点。一些稍宽且光线好的二级路有少许多余空间，则成为居民交谈休闲的场所。在村内约定俗成的是自家门口的步行空间，不管堆放多少物品，都不会完全挡住行走的道路，至少会预留一个自行车通行的宽度。

三级路为房屋之间的间隔小路，多数在村子内部更深处，与二级路相连。有些三级路在雨污分流整治过程中成了各类露天的管道、烟囱、排污管等外置管道安放之处，使得路面更加狭小，其中有的因为置放管道而无法使用，村民会利用砖瓦、木板等封住入口。

通过实地调研发现，不管是几级路，只要有空余的位置，都会被居民利用起来，如果路的末端为封闭的，大多会成为附近几家住户堆放自家物品的场所（表 5.4.6）。

内部道路空间的现状分析　　　　　　　　　　　表 5.4.6

道路两边置放物品	路边角落置放杂物	街巷死角置放杂物

（3）"面"状空间

以车陂涌为中心的两岸是车陂村最大的公共活动区域，现今车陂村加大清理、整治车陂涌的力度，车陂涌焕然一新，波光粼粼的河面透露出无限的生机，河水清澈，污染减少，鱼类变多，吸引大量钓鱼爱好者。车陂涌沿岸装饰设计中，将龙舟文化如"起龙""采青""赛龙"等仪式融入其中，更多的居民在此散步、嬉戏、晒太阳。河涌岸边的空地面积越大，越是居民停车、晾晒衣服、跳广场舞的好去处；沿岸种植绿树，摆放绿植盆栽，置放凳椅供居民休闲。其中沙美公园、车陂公园位居车陂涌两岸，沙美公园又位于梁氏祠堂前方，公园内部有娱乐设施、健身器材、精美的地面涂鸦、有趣的益智玩具，吸引了各年龄段的居民，是村子里最热闹的活动集散地（表5.4.7）。

河涌沿岸空间与公园空间的现状分析　　　　　　表 5.4.7

河涌沿岸空间	公园空间
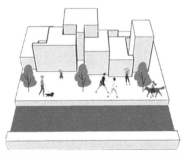	 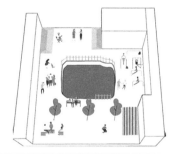

三、车陂村公共空间的功能需求分析

1. 交往聚集需求

车陂村内部的交往聚集活动，多数集中在中老年群体，青年需求以居住为主，交往聚集场所多在周边城市，但因场地本身有多种利用方式、居民在活动时间与方式上存在不同、居民的交往聚集场所区域范围比较固定，缺少的基础设施又进一步约束了居民的交往聚集，由此可见，车陂村的公共空间功能或基础设施的数量远不能满足居民在车陂村内部交往聚集的需求。

2. 文娱休闲需求

通过对车陂村的走访调研，发现村内居民的文娱休闲活动需求比较丰富，不同年龄群众的物质与精神需求各不相同。年轻人对文娱休闲需求较低，主要是在吃喝过程中有一定的休闲需求；老人和孩子对于文娱休闲的需求是较高的，孩子需要一定的场地进行游戏、追逐打闹，老人则需要锻炼场地。由此可见，村内公共空间需要提供能容纳多个年龄群体的各类活动空间，如亲子活动空间、老年活动空间、休闲活动空间等。目前车陂村内有休闲公园、开放并整改过的祠堂、堆满杂物的空地，小书店开在村内干道两边，但知之者甚少，而满足文娱休闲需求的除了公园有少数基础锻炼器材，部分祠堂内部有乒乓球台，其余多是凳椅与空地且堆放了杂物，这与居民期待的文娱休闲空间相差甚远。

3. 绿化观赏需求

走访调研中发现，许多居民在没有种植条件的情况下，会积极创造条件进行种植，在屋门前种一些喜阴植物。相比于周边城市合理规划的绿植带，在"握手楼""一线天"现状下的车陂村，内部缺少光照，植物成活率不高。但在车陂村，从车陂涌两岸往内部延伸的干道两侧均有绿植分布，光照越充足的地方种植植物的数量越多，不少房屋之间的土地及道路的不规则区域都有居民种植绿植，更有居民愿意利用土地或屋顶天台专门进行种植，但车陂村整体绿植率偏低，在观赏性上没有系统的种植规划，无法满足居民对绿化的观赏需求。

4. 活动欢庆需求

车陂村拥有以九大姓氏为中心的宗族祠堂文化、以车陂涌为载体的龙舟文化，是宝贵精神财富，也是后辈子孙寻根溯源的场所。车陂扒龙舟作为广州市非物质文化遗产，每次举办都牵动着车陂村居民的心，并建立了龙舟文化展览馆，作为龙舟文化的宣传地。除此之外，摆中元、"爷爷奶奶一堂课"等活动都有独属于车陂村的文化魅力。这些活动多依托祠堂、车陂涌开展，更需要宣传、传承、引导，让更多人了解、关注并参与进来。但现在这些活动更多是本村的原住民主导并参与，外来的居住者大多不太了解情况，这样不利于文化的传承，也不利于形成稳固、健康的居住关系。

通过对车陂村公共空间功能需求分析，目前村内仍然缺乏能满足各年龄层需求的综合活动空间。尽管存在一定数量的公园、祠堂等，但设施简陋且利用不当；整体绿化率低，缺乏系统规划。车陂村特有的宗族与龙舟文化活动极富魅力，但由于外来居民参与度低，影响文化传承与社区融合。综上所述，车陂村需改善公共空间配置，提升基础设施，加强文化活动宣传力度与包容性，以促进社区活力与居民福祉。

四、基于共生理论的车陂村再生性改造设计实践

依据车陂村居民对公共空间功能的需求及对现有公共空间的分析，对车陂村以边缘空间、街角空间、荒地空间、绿植空间为主的四大空间进行再生性改造设计。

1. 边缘空间——区域优化

车陂村 A 区边缘空间主要是沿河涌的线性空间，可归纳为沙美公园门外、集散节点、沿河区域、沿河闲置空间四处（图 5.4.8）。

①沙美公园是村民们休闲的空间，公园门到河涌沿岸之间相比其他沿岸区域，具有较大空间供给休闲，但目前公园门前的停放车辆处、垃圾处理点，占用了部分空地面积，且垃圾处理点所散发的异味，一定程度上也影响了居民休闲质量。②集散节点的区域，是车陂涌连接桥梁的路口，此处桥梁大大缩短了对岸过来的路程，有一定的人流量，是人、车集散节点，但此处空地并不多，死角处还常停放车辆，玩耍、晾晒等行为也在此经常出现。③沿河闲置空间目前是休闲娱乐的多功能混合空间，但一些转角空间仍然堆放了杂物，许多居民会将此处作为晾晒点。④整个 A 区的沿河区域是村内最大的"线"性空间，沿河绿植有序排列，此空间不仅起到观赏河景、调节心情的作用，更具有钓鱼、散步、跑步等休闲功能（表 5.4.8）。

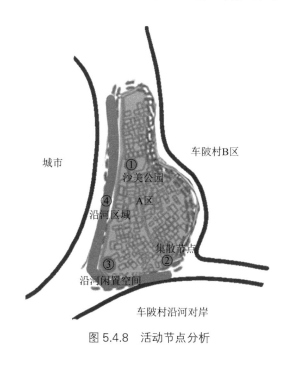

图 5.4.8　活动节点分析

活动节点日常活动分析   表 5.4.8

①沙美公园	②集散节点	③沿河闲置空间	④沿河区域
儿童游玩	闲坐	跑步	搬家服务点
羽毛球	闲聊	闲聊	晾晒衣服
带小孩休闲	丢垃圾等日常出门活动	观景	钓鱼
老年活动	周边游	遛狗	亲子游玩
休闲健身	儿童游玩	游玩拍照	岸边观景

通过分析以上空间的现状，笔者进行了分区域优化，尝试提升车陂村该区域的公共空间使用质量。

首先，对于集散节点区域的优化。其一，将河涌左侧区域的隔离土墙进行结构性升级，采用金属栏杆替换，恢复并优化沿河步道的功能，使之成为居民休闲的理想去处。规范停车区域，既拓宽了视觉空间，又提升了居住环境的整洁度。增设少量健身设施，并针对夹角空地的特殊位置，利用其作为儿童游玩区域，同时运用不同色调的青石板对地面进行界定，浅色石板为休闲区，深色则指引主行道，确保行人流向清晰。沿用现有树池与河岸梯级结构，增设休息座椅，为不同年龄段的居民提供灵活多样的休憩选择。其二，对于沿河区域有明显的文化交汇特点，即邻近祠堂与对岸龙舟存放处，加之横跨河涌的桥梁，因此特别延长了沿河台阶并增设小型观赛平台，能够在龙舟赛时为观众提供安全舒适的观赏体验，平时作为亲水平台，提供给居民日常休闲与练习锣鼓的场所，进一步促进了社区文化的互动与传承。其三，进一步美化古树树池，在利用树池对古树进行保护时，可铺设草坪或花丛，树池周边辅以木质座椅，强化古树区域的实用性与观赏性。其四，提取车陂村的梁氏祠堂及周边建筑的装饰特性，对边缘区域若干小体量的建筑进行整合，统一其外观纹理与材料选择，优化窗户设计以增强自然采光与通风效果，确保居住质量。在尊重传统建筑语言的同时，满足现代生活对健康舒适居住环境的需求，实现新旧建筑元素的和谐共融。具体效果设计如表 5.4.9 所示。

集散节点优化效果表现 表 5.4.9

集散节点效果图 1	
集散节点效果图 2	
集散节点效果图 3	

　　其次，根据沙美公园的现状进行周边环境优化，主要集中于门前区域。在优化改造时，保留公园内原有的 3 棵古树与其他树木，规划目前利用不合理的空间，改善公园门前废弃物的堆放和废弃车辆停放问题，增加种植面积，使公园内部与公园外部墙角景观相得益彰。园内有 3 棵古树，阳光直射时，树木暗影斑驳，其多层次的空间变化能丰富行人的感官体验。随着绿植面积增加，提升的是居民的居住愉悦感。对于公园外部至沿河区域，移除公园外部垃圾桶，在沿河树池之间且距离河岸一定距离处增设休闲座椅，利用木条加固树池表面，周围用石材圈围，地面用青石板铺砌（表 5.4.10）。

沙美公园周边优化效果表现　　　　　　　表 5.4.10

沙美公园 效果图 1	
沙美公园 效果图 2	

沙美公园 效果图3	

最后，沿河区域的优化主要在于提升河涌岸边的美观度，同时保留满足居民生活需求的功能。在距离河涌岸边40cm的位置种植树木，增景固土，在与河三角间隔40cm的地块中种植草坪，相邻两棵树木之间置放休息凳椅或花池等，同时，两个木质凳椅间可用钢架连接，规整居民晾晒架，保留晾晒功能（图5.4.9）。

图5.4.9　河涌岸边效果图

2. 街角空间——复合升级

大部分城中村居民楼的室内空间相对较狭小，尤其是出租屋。车陂村也是如此，居民日常生活中部分旧物或一些日常使用物品常常会被放在室外巷道，因停放车辆、晾晒、种植盆栽、废弃物堆放等日常生活需求，大量地占用了街角空间以及街巷末端角落。

针对居民的生活需求及街巷的美观度、使用率，可在街角空间增设可拆卸的功能组合装置（图5.4.10），利用铁方通与水曲柳为材料，木质板材可直接与铁方通进行组装。装置可设置休闲座椅区、晾晒区、杂物置放区，最底层的木柜子可作为儿童隐藏秘密玩具的地点，满足居民带孩子休闲的需求，若遇到街巷"U"形转角或死胡同处，亦可灵活进行组装。

组合装置 1

组合装置 2

图 5.4.10　街角组合装置

3. 荒地空间——功能置入

在车陂村的荒地空间周边多为 3～7 层的高楼，三面围合而成，对于这样的空间，若空地是私人产权，则归私人处理；若为公有土地，则可以进行功能置入，丰富居民的公共活动（图 5.4.11）。

①阅读空间：可以利用公共书柜的形式，进行书籍租借阅读；②买卖空间：可以利用面积不大但又有一定空间的区域进行生活物资的摆摊买卖，流动摊位既增加了居民的收入，又丰富了生活形式；③休憩空间：加入休闲座椅，留出一定面积供

居民休闲娱乐；④展示空间：展示村内的祠堂文化与龙舟文化，扒龙舟比赛的物件亦可以用于展示，进行文化科普与传承；⑤文化空间：村内先辈的英勇事迹与龙舟故事，可做成展台进行展示，同时也是居民展示兴趣爱好的平台；⑥祭祀空间：祭拜祖先；⑦餐饮空间：非流动摊位，可长时间出租场地；⑧停放空间：居民可就近停放车辆；⑨开放空间：清理闲置空地，用青石板铺路，在空旷地带居民可以带自家凳椅进行休闲，可跳广场舞，可打羽毛球，可在地上画粉笔房子进行跳房子游戏等；⑩种植空间：三面楼房未完全挡住阳光，居民可种植盆栽、树木、菜地等，满足老年群体种植的愿望；⑪观赏空间：可保留一定的草地面积，修剪绿植层次，打造适合观赏又适宜休闲的活动空间；⑫娱乐空间：利用廊架丰富空间，廊架顶部或四周可用绿植点缀，适宜亲子活动，既能改善空间，又能丰富活动形式。

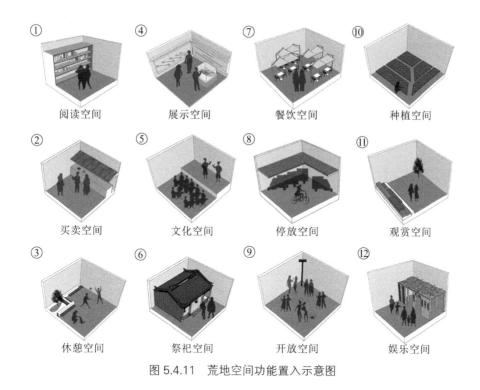

图 5.4.11　荒地空间功能置入示意图

4. 绿植空间——多元更新

车陂村现有的绿化多集中在沿河边缘区域，而村内建筑密集之处基本没有绿化。要提升绿化的美观度，可以在沿河拐角处的荒地草坪空间以及建筑顶部可利用的空间进行绿植美化设计。

自车陂涌逐渐清澈后，越来越多附近的居民会前往沿河拐角的草坪进行休闲娱乐活动。针对居民这一需求，首先，可以在再生改造时保留河岸凸出的观景平台，清理河岸 2m 范围内的台阶，并对观景平台扶手进行整修，将原有的荒地草坪进行划分，修整草坪与绿植，并利用草坪与绿植隔离外来游人，缓解对附近居民造成的噪声影响。其次，观景平台是用于休闲散步、观龙舟之处，可建造两层半圆形台阶，台阶后种植一些大树冠树种，台阶便于观龙舟，大树可为居民日常生活休闲遮阴。最后，还可在休闲草坪中置放关于龙舟文化的游乐装置，该装置兼具美观和玩耍功能，小朋友可以进行攀爬娱乐，草坪与凳椅的各种形式组合、益智游戏装置穿插其间，再加设健身器材及桌椅，形成多功能居民休闲场所。具体改造效果见表 5.4.11。

荒地草坪效果表现 表 5.4.11

荒地草坪 效果图 1	
荒地草坪 效果图 2	

荒地草坪 效果图 3	
荒地草坪 效果图 4	
荒地草坪 效果图 5	

村内建筑密集区域缺乏大面积空地作为绿化场所，在改造过程中可将连廊、晾晒、花架、盆栽、草坪等小体量的元素组合在一起，进行景观元素更新，置入生活功能部件，规划置放杂物空间，合理种植，构建生态屋顶（图 5.4.12），如此车陂村居住在内部深处的居民，白天可在屋顶晾晒，晚间可在屋顶乘凉，更能增进邻里关系，加强外来务工人员的生活居住感与归属感。

图 5.4.12　屋顶效果图

小　结

城中村空间变化、采光通风、居住体验、基础设施与周围城市相比，确有不足，甚至影响市容市貌，阻碍城市的发展，但城中村中的生活记忆、租赁产业、生活节奏与区域文化也是城市发展不可缺少的元素。在崇尚生态、绿色、环保的时代，城中村在城市发展的浪潮里被推上改造的风口浪尖。本书基于共生理论，深入分析了城中村公共空间的特点及城中村居民对空间功能的需求，并从微改造的角度入手，通过对公共空间中的边缘空间、街角空间、荒地空间、绿植空间的改造，提出了区域优化、复合升级、功能置入、多元更新的设计方法。以边缘空间的区域优化加速城中村与周边城市的共生融合，以街角空间的复合升级整治城中村内置放杂物的乱象，以荒地空间的功能置入丰富城中村的生活功能，以绿植空间的多元更新加强生活居住的层次与幸福感，从而达到推动城中村与城市共生发展的目的。

　　由此可见，在共生理论的基础上探讨城中村与城市的共生关系，以微改造的方式逐步推动城中村的优化升级，能够提升城中村居民的居住环境质量，激发空间活力，增加居住体验感、愉悦感、归属感，为城村最终共融提供有效且可行的途径，也为今后我国城中村的改造提供理论参考。

第六章

基于文化传承的城中村公共空间再生性改造研究

　　随着城市化进程的不断推进，近年来，城中村改造一直是政府和民众关注的热点问题，我国城中村问题较为严重，有着数量多、分布广且分布密集的特点，城中村问题的日益突出严重阻碍了城市化进程的发展，改造势在必行。现如今，我国在城中村改造方面的研究已经有了诸多的尝试与探索，并且已经有不少城中村已经完成了改造，有一定的成果与经验，随着改造的逐步推进，在改造中对当地的文化遗产进行保护与传承逐渐为人们所重视与认可。

　　文化承载着城市的记忆，对其进行保护与传承是十分有必要的。现如今，城中村内依然遗留着丰富的文化遗产，其数量繁多且种类丰富，不容我们忽视。然而，在城中村改造推进的过程中，诸多的历史文化遗产因建筑拆改、审美观念的转变等原因在不同程度上受到了损坏甚至是消失。如何在城中村改造的进程中更好地保护与传承历史文化值得我们思考。

第一节　文化传承及城中村传统文化分类

一、文化传承概念

　　文化传承是指文化在民族共同体内的社会成员中作接力棒似的纵向交接的过程[①]，其不能等同于文化传播，"传播"一词更偏向于同等地位关系的对象互相传播，而文化传承一词是指文化在人类中纵向式发展交接，以代代相传的方式，让文化在时间的流动中不断延续。文化传承是文化内部的一个性质，人类创造了文化，是文化的主体对象。在人类历史的发展当中，文化传承起着重要作用，也是发展过程中的内部要素。文化传承是人类发展的本质要求，文化也同时影响着人类的发展，它能在传承的过程中指导人类的发展方向，人类需要文化传承输送精神内涵价值。文化作为人类历史长河的综合发展结果，内容非常丰富，文化传承的内容囊括着人类智慧结晶、民族精神、人类宝贵的历史知识与经验，等等。

---

① 赵世林.论民族文化传承的本质［J］.北京大学学报（哲学社会科学版），2002（3）：10–16.

二、城中村传统文化的分类

文化的范畴相当广阔，从客观的角度上理解，文化是在人类的发展过程中不断地创造而形成的积累，体现着社会的发展，是一个社会现象，而同时它也包括人类社会中长期流逝而积累下来的文化沉淀物，反映了一定的历史现象。从狭义的层面上来说，文化精神包括了某个国家或地区的地域风俗、传统习俗、生活方法、思想方法、历史文化、气候地理、文学艺术、行动习惯、人生追求，等等。传统文化，一般来说是指随着人类文明的演化而沉淀形成的一种反映民族特性和其风貌的文化，也泛指国家、民族、地区不同的思想文化、精神形态的综合形式，是社会生活中一系列物质的、非物质的精神文化现象，由人们在当代文化生活中设计和创造。它具有普遍的广阔性和独特的承载性。传统文化既是社会意识形态的体现，也是古老传承的文化遗产。

作为人类文明和智慧的结晶，城市在时间的长久积累中形成自己的历史文化，在城市空间的连续发展中形成城市地域性，而不同的历史文化则创造出城市的独特形象。城中村承载着许多城市发展的历史记忆，具有历史性与真实性，在发展中保留、传承这些城中村的传统文化和习俗、传统旧建筑以及宗祠遗址等，将会给城市和居民们留下特定时代的历史记忆和无法衡量的社会价值。

城中村的传统文化总体也可以划分为物质文化和非物质文化。物质文化主要体现在自然环境、街巷格局、建筑物及细部等物质载体；而非物质文化总体体现在居民的民俗活动、风俗习惯、传统技艺、精神信仰、传统美食等，这些无法直接被感知的非物质文化通常需要依托物质载体的外在形态才能被感受和传承。

1. 城中村物质传统文化

传统物质文化作为城中村内的社会、经济、文化等因素的物质载体，其大多是以实物的形式表现出来，并且可以通过视觉和触觉来感知其存在。文化的显性载体表现了人们在自然和城市发展中的建设及改造过程，不同的建设时期形成不同的物质空间环境，具有唯一性和地域性等特征，主要归类如下：

（1）自然环境

自然环境是人类赖以生存和社会发展所需的各种自然条件的总和，是社会物质生活和社会发展的条件，对人类文明的发展产生巨大的影响，主要包括地理形态、植被、气候条件、水资源等。地形地貌在一定程度上限制了城中村的空间结构和布局，这是确定其外观特性的重要因素，也是城中村整体发展的前提条件和环境因素，影响城中村内个别建筑物的形状和结构。气候条件不同的城中村，其空间形态特性也不同，并且气候对城中村的历史建筑物形态也有直接的影响。由于我国南北气候差异，城中村出现多种形态特征，例如北方的沙井村和南方的南湾村。植物作为构成城中村的重要因素，是一种有生命的天然历史资源，植物不仅能供人们欣赏，也承载着长久以来与村民一起生活的历史记忆。水与人们的生活紧密相关，有些人居住的地方是依水而建的，因此将池塘、河流等水资源作为构成城中村景观空间的重要部分之一。

（2）街巷格局

作为一种空间构造，城市内特定的地域构成了某种结构的单位，城中村就是这个结构的单位。城中村的空间格局可以表现其所在城市的传统历史格局、每个城市独特的文化内涵和气质，以及当地居民与自然环境友好相处的方式。它们之间相互作用所反映的事物，具有一定的文化内涵和社会价值。例如，西安十里铺村北区的"Y"形道路，这条道路是十里铺村的特色，"Y"形道路向北延伸形成鱼骨状街巷形态，向东西两侧延伸出连接院落、建筑的小巷[①]（图 6.1.1）。

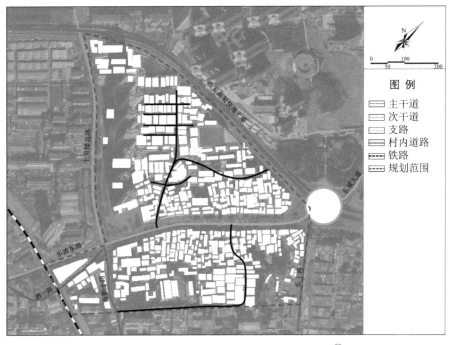

图 6.1.1　西安十里铺村"Y"形街巷分析图[①]

① 王晓雅.基于文脉保护的城中村改造策略研究［D］.西安：西北大学，2020.

（3）建筑物及细部

城中村有多种形态的建筑，除了有满足日常生活需要的居住用建筑外，也有独特地域性民族色彩的宗教建筑，以及部分公共建筑等，建筑文化体现在其结构、形态、空间、色彩和装饰等。城中村大部分建筑的功能和风格都能反映出不同时期的经济技术和环境特色。以居住为主要功能的城中村大部分是传统居住建筑和具有现代特色的居民自建房，除了少数文人志士的故居被改造为博物馆和展览馆外，大部分传统建筑保持原来的居住功能。在商业区域保留大部分道路两侧的居住及商业建筑，例如广州上下九商业街的骑楼建筑。城中村的公共建筑多为寺庙、祠堂、学堂、遗址等，数量虽少，但独具特色，例如重庆嘉陵桥西村的怡园（宋子文旧居、马歇尔旧居、重庆谈判旧址）和特园（鲜英旧居马房和客房部分）两处抗战遗址，现今保存较好，改造后可作为公共空间使用（图 6.1.2）。

马歇尔旧居

鲜英旧居

宋子文旧居

图 6.1.2 传统物质文化之建筑物及细部

（4）重要节点

在城中村的街巷入口、交叉口或某些特定的围合空间通常有重要的节点存在，这些节点与城中村的经济、社会、文化相关，能够代表和提高城中村的辨识度，是城中村独特的地域文化基因，在改造中通过加强这些节点的作用，将其作为对外展示城中村的主要名片。例如，西安十里铺村村内的主要节点为"Y"形道路的交叉点，这里不仅是十里铺村地理位置的中心，为人流、车流的交叉点，还是十里铺村主要的商业集聚区，周围分布着十里铺观音庙、十里铺商贸综合市场和十里铺机械厂等建筑[①]（图6.1.3）。

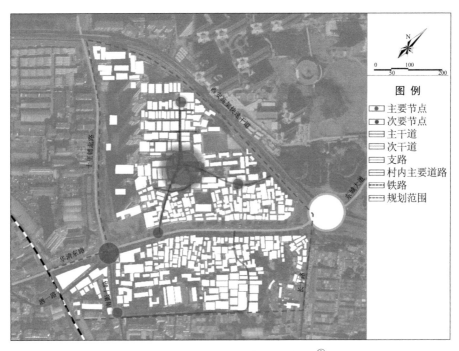

图 6.1.3　西安十里铺村节点示意图[①]

除了要避免城中村改造所带来的"千城一面"的问题，考虑对物质、文化、遗产的可持续发展，如何通过传承与保护能留住城市的历史文化脉络，也是保护城中村物质文化的重点内容。因为，一座城市中的历史文化是居住于此的居民的精神寄托，人们对城市的归属感与认同感就是由城市中许多物质文化留存所联系起来的。

杭州就是一个历史文化积淀深厚的城市，杭州滨江西兴老街承载着大运河的众

---

① 王晓雅. 基于文脉保护的城中村改造策略研究［D］. 西安：西北大学，2020.

多历史文化遗产，如孙宅、於宅等四处市级历史建筑（江南水乡特有的木结构历史建筑群体），协亨祥过塘行、俞任元过塘行、西兴街汪宅等八处全国重点文物保护单位，还有西兴过塘行码头、文化历史街区等重要历史文化节点。通过对杭州滨江西兴老街的研究发现，杭州在城中村改造的进程当中，非常重视对于物质文化的保护，没有实施大拆大建的改造模式，而是尽量保留历史建筑的原始风貌，并且进行适当的修缮与保护，遵循"因地制宜"的改造方法，探索出适合杭州的城中村改造之路。例如，对杭州各个地方的历史文化遗产进行价值评估，将西兴过塘行码头列入世界文化遗产名录，确定其保护属性，进行保护等级的划分。同时，对西兴过塘行码头开展了保护性修缮，在延续现有模块功能的基础上，重新修复重要物质文化的原始形态，从而让城中村物质文化得以保护。

此外，广州的三元里村是一个承载着抗英斗争难忘记忆的城中村，是一个具有深厚传统文化的村子，近年来大规模的城中村改造热潮中，三元里村受到了广泛关注。在三元里村的抗英斗争中留传下来的物质文化遗产非常珍贵，如三元里村人民抗英斗争纪念馆（原三元古庙，全国重点文物保护单位）、广东人民抗英斗争烈士纪念碑（现位于纪念公园）、牛栏岗战场遗址标志碑、鸡扒井现址（现已开发成机井）、广园路北约抗英大街牌坊[①]。同时也建有三元古庙、三元南北约门楼，以及各姓氏家族宗祠，等等。通过对三元里村文物和历史建筑的调查，可以了解到三元里村有深厚的抗英文化，其中许多文化遗产被列为全国或者省级文物保护单位，人们可以自由观赏，同时居民们对文化具有强烈的保护意识，也引以为豪。

研究组以广州城中村为核心调研对象，对广州 138 个城中村进行文献和网络资料调研以及走访考察，其中有效调研的村落有 102 个，最终整理得出：同时拥有历史建筑、历史文物、人类文化遗址的城中村有 6 个村落，占 6%；拥有其中一项（历史建筑 / 人类文化遗址 / 历史文物）的城中村有 74 个，占 72%。可见广州城中村大部分都会有其特有的显性文化代表（图 6.1.4）。

近年来，城市化的发展使城中村的改造暴露出许多问题，一些村落的改造不尊重文化传承，在利益的驱使下进行强制拆除。还有一些是没有考虑到城市文化的特点，也不制定长期计划，城中村的改造模式几乎不关心物质、文化、遗产的可持续发展。

---

① 刘晟雨 . 广州市城中村社区文化建设问题与对策［D］. 武汉：华中师范大学，2017.

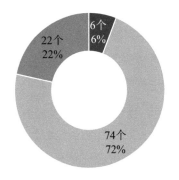

■ 同时拥有（历史建筑/人类
　文化遗址/历史文物）的城
　中村

■ 拥有其中一项（历史建筑/
　人类文化遗址/历史文物）
　的城中村

■ 完全没有

图 6.1.4　广州 102 个城中村物质文化（显性文化）占比

2. 城中村非物质传统文化

非物质文化，也称为隐性文化，是指社会群体世代相传下来的各种风俗习惯、民俗活动、传统技艺、精神信仰、传统美食等各种表现形式，能够在社区与群体、周边环境相互呼应，其文化价值包含艺术价值或历史价值，是人类在社会历史活动实践的过程中所创造的各种精神文化。

联合国教科文组织于 2003 年通过了《非物质文化遗产保护公约》。2004 年我国全国人大常委会批准了此项公约，并成为此项国际性公约的发起国。非物质文化是人类在自然群居环境生活中相互适应产生的；是人类与群居社会相互配合、适应产生的；是以物质文化为依托的。具体来说包括五大方面，其一是口头传述和表达，如民间长期口耳相传的当地特色地域音乐或者语言；其二是传统美术、书法、音乐、舞蹈、杂技等，具有一定艺术价值，可依托实物或是演出形式来展现；其三是传统技艺、工匠、医药等，具有一定历史及实用价值；其四是传统礼仪、民俗、节庆等民俗活动；其五则是传统体育等与之相关的游艺活动。

非物质文化不能单独作为一种意识形态而存在于社会生活中，它需要通过相对应的物质承载体才能表现出来，非物质文化和物质文化是相互关联和相互依赖的。物质文化是非物质文化的载体，而非物质文化是物质文化背后精神层面的价值基础和历史传承。

我国当前非常重视非物质文化遗产的传承和挖掘，尤其对于在地文化，更是组成我国文化遗产的重要部分。研究中通过调研，发现我国许多城中村都传承着非物质文化，走访了厦门岛五通村、广州珠村、上海田子坊、石家庄玉村、西安十里铺村、杭州西兴老街等多个城市中较为典型的城中村，总结归纳出不同地区的城中村中所传承下来的非物质文化，可以从民间信俗、风俗习惯、传统美食、民俗活动、传统技艺五个方面来展示。

（1）民间信俗

厦门岛五通村拥有悠久的历史，在《鹭江志》《厦门志》中均有记载：五通渡头，厦往泉大路，过刘五店，水途三十里。五通作为厦门出岛通往大陆的要道，五通村的文化遗产非常丰富，非物质文化遗产包括厦门大道公信俗、金宋江阵，以及供奉五通神、五显神等。

大道公即指保生大帝，原名吴夲，在其生前为救济天下百姓的良医，受其恩惠的患者无数，在民间被尊称为吴真人。根据五通孙氏族谱《柳塘记》中记载，孙天锡为了祭拜吴夲，在柳塘社建了一所小祠。后来祭祀的人越来越多了，孙天锡将之扩建成为厦门岛上第一座保生大帝的宫庙——"吴西宫"。1130 年孙氏后裔由"吴西宫"分灵于泥金社"兴隆宫"。现在，孙氏后人仍然保持着祭拜保生大帝的传统，每年三月十五会在兴隆宫举行盛大的保生大帝生辰庆典（图 6.1.5）。

图 6.1.5　兴隆宫

宋江阵也称"套宋江"，是在春节、元宵、中秋等传统节日里表演的一种群众性武术操。参加者装扮成水浒英雄好汉 108 将，进行行阵、单练与对练、群体演练、收阵四段表演。泥金社的宋江阵活动始于清代同治三年，至今已传八代。现训练地点为泥金社祖厝，传授形式为一师一徒。每逢盛大节日（正月初九、三月十五、十月中旬）会在村内游行，途经兴隆宫、乐安堂和孙氏大厝等村内重要的活动场所（图 6.1.6）。

图 6.1.6　宋江阵

（2）风俗习惯

广州珠村拥有非常丰富的物质文化和非物质文化，最具代表性的非物质遗产为乞巧文化。珠村的乞巧习俗很早就有，最早是由当地的先民南迁时带来的，自此就在珠村落地"开花"，以乞巧作为节庆活动的核心，延伸出许多民俗活动，如农历七月初七的乞巧节，摆七娘，迎仙、巧手等活动，"乞巧"成为珠村的文化品牌。乞巧也是珠村有代表性的传统风俗，从 2005 年开始举办"迎七娘—拜七娘—摆七娘—送七娘"等富有地域风情的乞巧活动节事（表 6.1.1）。

珠村非物质文化遗产汇总及梳理　　　　　　　　　　表 6.1.1

	分类	具体活动
非物质文化遗产	节庆	春节、元宵、清明、端午、七夕、中秋
	传统民俗	乞巧、龙舟竞渡、拜猫、挂灯
	手工艺	摆七娘、珠绣、禾花、芝麻香
	特色美食	小粉果、搓粉、白粉饼
	曲艺	粤曲

（3）传统美食

上海田子坊名字的来源其实是著名的画家黄永玉当年给这旧弄堂取的雅号，出自一位名为"田子方"的画家的谐音，他是《史记》中记载的最早的画家。而上海田子坊不仅拥有著名的石库门和新式的里弄建筑，其非物质文化中的特色美食与绘画艺术也非常出名。"擂沙圆"是田子坊最受欢迎的美食，在煮熟的各式汤团上滚一层擂制的干豆沙粉而成，既有汤团美味，又有赤豆芳香。因无汤水、便于携带、冷热皆宜，别具特色。有色有香，热吃有浓郁的赤豆香味，软糯爽口，而且方便携带，一直深受游客的欢迎。在售卖过程中还用方言进行吆喝，如"吃白相的闲食"，意思是即吃零食。

（4）民俗活动

石家庄玉村传承着独特的民间艺术——大头和尚舞。大头和尚舞是一种有音乐、无唱词的舞蹈，所有角色均由男演员担任，包括小姐和丫鬟，每位演员扮演的角色较为固定（图6.1.7）。

图 6.1.7　石家庄玉村大头和尚舞

广州的珠村，最为人知且最为人们所喜爱的民俗活动是乞巧节，有许多丰富多彩的传统活动，如摆七娘、七夕游园等。中国民间自古以来就有对各类动物的崇拜，如龙崇拜、虎崇拜、牛崇拜等，拜猫则是珠村独有的民俗活动。将猫奉若神灵并设一个诞日专门祭拜的并不多见，由此可见，拜猫这一活动是珠村极具地域性特点的风俗。此外，龙舟节也是珠村十分重要的民俗活动，每年的龙舟节活动时间大约为 1 个月，除了端午扒龙舟以外，还有很多特色活动，如五月初一的"龙舟招景"，还有赛龙结束以后的"散龙船标"，"散龙船标"代表着龙舟节谢幕，如图 6.1.8 所示。

图 6.1.8　珠村的民俗文化活动

（5）传统技艺

杭州西兴老街民俗文化反映在民俗技艺方面，在西兴历史文化街区中，随处可见"西兴灯笼"的宣传标语，据调查，"西兴灯笼"已列入非物质文化遗产名录。宋朝时期，杭州西兴手工竹灯的名声响彻中华大地，宫廷中使用的灯笼多数都出自西兴人之手。宋朝当时取消宵禁，城市生活丰富，人们对于夜间的照明需求越来越大，灯笼业日益繁盛，西兴也在当时成为全国闻名的灯笼之乡。当地人编织灯笼壳的技艺久久流传，每一盏灯笼都保持着传统技艺，要经过 6 道工艺流程：剖竹劈篾、编制灯壳、糊纸着色、画图写字、涂抹桐油、制作底盘。但随着时代的发展，灯笼的照明功能逐渐被削弱，西兴灯笼就逐渐演变成一种喜庆的象征流传至今。除了编织灯笼这项非物质传统文化，还有"闹元宵""放河灯"等多项民俗技艺流传至今。从古至今，历史发展之下，中华文明源远流长，往往许多非物质形态的、有艺术价值或历史价值的文化容易被忽视，逐渐淘汰、失传，我们更应当继承与发扬城中村非物质文化，重新思考城中村非物质文化的价值，挖掘村中文化。

根据以上五方面，对广州 138 个城中村进行文献调研和网络资料调研，其中有效调研的村落有 102 个，最终整理得出：同时拥有民俗、文学、技艺的城中村有 4 个村落，占 4%；拥有其中一项（民俗 / 文学 / 技艺）的城中村有 67 个，占 66%；未发现独特非物质文化的城中村有 31 个，占 30%（图 6.1.9）。通过有效调研，可以发现大部分的城中村保留着或多或少的非物质文化，代代相传，成为当地文化传承的重要组成部分。

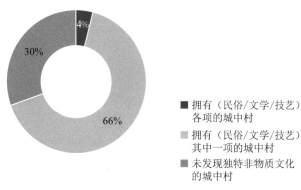

图 6.1.9　广州 102 个城中村非物质文化（隐性文化）占比

基于文化传承的城中村再生改造一定需要注意物质文化和非物质文化在传承上的齐头并进。在物质文化的方面要做好在保护与发展中寻求平衡，重点对城中村整体自然环境、街巷格局、建筑物及细部等方面进行保护与传承；在非物质文化方面可以对风俗习惯、民俗活动、传统技艺、精神信仰、传统美食等方面进行合理传承和宣扬，在保护中得到发展才能更好地把城中村的传统文化延续下去。

第二节　基于文化传承的城中村再生性改造的必要性

一、基于文化传承的城中村公共空间微改造的价值分析

城中村的改造通常从功能改造和满足物质需求开始。随着社会的进步，城市的产业结构不断调整，大量城中村对城市的依附性开始减弱，但其自身又不能额外创造价值，才会相继出现一系列的社会问题。至此，人们对城中村改造的关注点也逐渐从其生产能力转向其在城市发展中所延续下来的历史与社会价值、经济价值、文化价值以及环境价值等。

1. 历史与社会价值

城中村承载着城市的记忆，不同时期的城中村发展建设历程是城市不同时期文化历史的缩影。尽管由于城市发展的社会原因，城中村不可避免地遗留下众多的问题，但同时，非常多的传统文化在历史的沉淀下形成别具一格的特色，那些承载着历史记忆的传统建筑，例如宗祠、寺庙和传统民居等，都成为城市发展的历史缩影。不同时期、各种类型村落建筑以及民俗文化的汇总，构成了城市多元化的人文景观和历史文化。与传统的历史自然村落一样，城中村同样是城市文明进程的见证者，它见证了人类居住空间城市化的发展历程，是城市发展进程中十分珍贵的历史瑰宝。凯文·林奇说过："一个全新的事物，经历了变旧淘汰，再到被闲置、废弃，直到最后它们重获新生，才有了所谓的历史价值"。我们强调对城中村进行微改造，意图就是保护城中村原本的肌理、结构等具有代表性的历史载体，保留城中村历史建筑的建筑特征，从而可以帮助人们留住城市发展的历史记忆，保留其重要的历史价值和社会价值。例如，广州天河区棠下村，其在改造的过程中保留建筑用地的面积为 2900m²，主要保留的是其原有的农民公寓、颜乐天广场、颜氏祠堂、康公古庙等历史建筑，使得棠下村的历史文化得以保留，延续了其历史价值。永庆坊的"微改造"去除的是破败和落后，留下的是美好的记忆和浓厚的思乡之情，骑楼修缮过程中，木框琉璃窗都尽量原汁原味地保留，重新刷上油漆；牌楼上的雕花彩塑均为原件保留，"微改造"时重新上色，使其重新焕发出活力的同时增加永庆坊的商业价值，让永庆坊成为广州的一大旅游景点。这些微改造措施无不体现历史价值和社会价值的重要性。

城中村微改造的"微"决定了微改造与全面改造有着本质的不同，它反对大拆大建，但根本目的是实现城市秩序与乡村活力的统一，以促进城市的发展和提高人们的生活质量为目标，重视对城乡历史文化的保护与延续。现如今，对广州城中村进行微改造再设计，让城中村不仅仅是作为居民的生活场所，还注入新的创意元素，使其转变为艺术中心或是文化中心等，同时可以作为延续历史的见证。城中村微改造不但优化了环境，提高了生活质量，也减少了投入成本，还可以作为广州特色，展现了城中村微改造设计重要的历史与社会价值。

2. 经济价值

城中村现在虽然存在很多问题，但其实仍有很大的经济发展空间。在资源日益短缺和资源分配不均衡的今天，与其采取大拆大改或者推倒重建这种浪费资源的方式，不如对城中村进行微改造设计与优化，能够对现有的土地资源进行有效利用，让城中村再次焕发生机，避免将城中村居住区域推倒重建所带来的环境污染，还可以节约拆除重建所消耗的资金，具有能源消耗低、改造周期短、投入资金少等优点。广州永庆坊的改造项目秉承了微改造的初衷，采用在原有方案基础上升级的方式，对村内的磨损老旧建筑单体或建筑群，按原建筑形态进行修葺，建筑外立面的修缮设计由万科全面策划，按青年公寓、公共办公、教育营地和特色行业进行分类，并引进设计、广告、媒体、艺术动画等创客企业。配套全天候服务书店、咖啡连锁店、美食烘焙等商户，在维持古老建筑文化底蕴的基础上，较成功地将保护与活化紧密联系起来，带动了当地的经济效益。

除此之外，随着城市的发展与扩张，部分城中村位于城市热闹繁荣的市区，地理位置优越，交通方便，且具有面积宽敞、可塑性强、具有城市历史文化风格特点等优点，若能合理分析和利用城中村的优势，选取合适的改造方案对其进行优化，不仅可以减少建筑材料的浪费，降低能源的消耗，还可以节约经济成本，提高经济效益，带动周边地区经济的发展。例如恩宁路永庆坊、三元里村、杨箕村、琶洲等，它们都具有交通便利、地理位置优越的优点，这些城中村的改造再利用不仅能节约建筑成本，还能吸引游客前来参观，外来务工人员、艺术工作者、艺术工作室入驻等，有着较高的经济价值，能带动周边经济的发展。

从另一个角度来看，城中村在降低当地城市的生产和生活成本之外还能够为城市累积发展的资本。在客观层面上，城中村的居住减少了城市化和经济发展的成本，同时为将低成本劳动力整合到城市劳动力市场提供了低廉的聚集地。城中村这种自发形成的低端廉价出租房供给，实质上承担了城市政府本应承担的针对流动群体的住房保障角色[①]。如今，单个城中村进行"大迁大建大拆"的行为对整个国家而言是不利于发展的，城中村是经济社会快速发展的阶段性产物，其存在有一定的历史合理性。在对城中村进行微改造的同时，还应注意与文化理念相结合，使城中村的改造不再是一个孤立的"大迁大建大拆"过程，而将其视为一种文化改造方式，达到城中村文化恢复与经济发展的目标。

3. 文化价值

历史文化对于城中村来说是生存的支柱和来源，城中村则是历史文化发展和延续的基础，二者相互依存。城中村微改造的另一关键目标，是推动和发扬城中村的历史文化。在经过新时代的考验之后，留在城中村里的基本上就是具有深厚底蕴文化价值的传统文化及其承载物。因此，在城中村的微改造设计中，我们必须集中精力，主要整理、修补历史文化承载物，维护、改进与其相邻的公共空间，保护历史

---

① 郑思齐."城中村"住房问题亟待改良［C］.清华大学房地产研究所圆桌会议，2009.

文化的持续发展。不仅要稳定城中村发展，同时也要吸引城市居民往来，激发村落传统文化自身的文化价值，提升城中村文化活力和文化自信，让城中村更好更快地与城市融合，使得城市文化更加丰富，加强城市的发展潜力。

文化价值反映文化形态的属性和中国文化的内涵，要激活和推动它，应从其载体入手。在城中村微改造的理论体系中，文化价值的载体一般是指城中村内建筑单体或建筑群、村落肌理、传统文化及其习俗和活动等。其中能进行物质层面改造的是村内建筑单体或建筑群和村落肌理，这些承载岭南水乡文化的文化要素应按照"以新为旧，以旧修旧"的原则予以保留与重现。

城中村内文化建筑单体一般是祠堂、寺庙或其他文化活动场所，根据历史文化建筑保护相关规定，这些建筑在选择微改造设计的方式时，在非必要情况下尽量避免大拆大改，应该以保护为主，进行小幅度改动。城中村内文化建筑群的主要特征是系统的连续形态，其更新保护工作必须是成片地进行微改造。此外，在改造过程中，随着时间的推移，有磨损的传统建筑材料，如砖瓦和瓷砖等，都可以被用来进行外观立面装饰和小花坛等细节的处理，避免浪费。

延续文化价值是评价城中村微改造成功与否的重要标准，主要体现在居民的活跃度和文化的生命力这两个方面。居民活跃度主要体现在居民生活的满足度和精神上的幸福感，文化的生命力体现在村内特色文化商业繁荣现象与传统文化活动的参与感。在提升居民的活跃度方面，可以引进外来文化团体和居民一起开展村内活动，以此来增加居民之间的互动，提高文化素养。在提升文化的生命力方面，可以增加传统文化手工制造行业，发展村内特色文化产业，举办传统文化活动，提升村内文化氛围，激活村内文化生命力。

以上所述都是城中村微改造设计的文化价值体现。由此可见，城中村微改造的文化价值巨大，并且这种文化价值能为城市不断发展提供充足动力，因此对城中村文化方面进行微改造的过程中，应将其置于一种引导性的重要地位。

4. 环境价值

城中村问题涉及城市化的发展进程、城中村居民自身的利益和社会和谐发展的整体状况。城中村人群大部分为进城务工人员，生活方式习惯迥异，所造成的卫生环境问题愈演愈烈，如生活垃圾、鼠患虫害、各类污水泛滥等，不仅是导致城中村居民生活质量不佳的重要因素，也在一定程度上对城市形象造成负面影响。城中村再生性改造，必须重新整治环境问题，改善城中村的环境（包括人居环境、生活环境、公共环境等），促进城市整体环境管理体制的完善。

良好的居住生活环境能够有效地提高居民的生活质量，提高居民的幸福感和归属感。因此，城中村微改造设计的首要目标是改善居民的生活环境，提高生活质量。在城中村微改造过程中，为了改变城中村的颓废形象并且顺利融入城市发展，需要注意公共环境的改善和公共基础设施的完善。关于公共环境的改善方面，重点是解决建筑群体和街道的外观问题，提高居民的通勤质量，美化环境，提升城中村整体环境质量。在基础设施建设方面，要从电、水、气、照明、消防、垃圾处理、治安管理等七个方面，根据实际情况改造升级隐患场所，更换不合理的设施和陈旧的设备，消除安全隐患，提高城中村安全性，提升生活质量，让居民有更好的生活体验感和幸福感。现如今，地球环境污染日益严重，微改造设计可以有效减轻城中村环境卫生问题，具有重要的环境价值。

二、基于文化传承的城中村公共空间再生性改造的必要性

1. 有利于延续城市历史文脉

许多城中村历史悠久，拥有许多历史建筑和传统民俗，一般由几个大姓聚落式发展，为了彰显姓氏的综合能力，会兴建许多姓氏祠堂、书塾等，今天能保留下来的已成为历史建筑，大多都拥有百来年甚至几百年的历史，承载着家族姓氏的兴旺。例如，广州拥有丰富的历史文脉，拥有 19 个全国重点文物保护单位，41 个广东省级文物保护单位，159 个广州市级文物保护单位。其中很多保护单位都处在城中村，足以证明城中村承载着一定的历史文脉。其中广州猎德村改造过程中，虽然整个村子都进行推倒重建，但村内原有的全部祠堂拆除后都在重新规划中新建了有代表性的祠堂，即今天所看到的李氏大宗祠、李氏宗祠、梁氏等宗祠。

文化作为一种精神力量，需要具体实物去承载它，城中村的历史建筑、历史文物等能够传承一个村落的文化，而微改造模式能够很好地保留当地历史建筑，传承历史文脉，增强当地人们的凝聚力和向心力。微改造尊重当地历史风貌，延续城市文脉和特色来促进城市和谐发展。

2. 有利于提升城市文化软实力

城市的魅力源自当地文化的积淀，历史文化特色是一座城市弥足珍贵的珍宝。一直以来，随着一些历史建筑的拆毁以及社会结构的转变，许多城中村历史文化赖以生存的基础消失，使其特有的民俗和文化的传承和发展面临重重挑战。

在城市更新的过程中，对城中村的改造方式也由最初的"大拆大建""拆除重建"逐渐转向注重生态、可持续的渐进式改造。这种改造方式在一定程度上解决了城中村"脏、乱、差"等问题，但随着改造进程的不断推进，一些新的问题逐渐浮现，如建筑风貌雷同、历史古迹破坏、文化特色缺失等。因此，在下一步的城中村

改造中保护及传承其文化是十分有必要的。

在城中村改造进程中注重其文化遗产的保护与传承尤其重要，每一个村落的产生与发展都有属于自己的独特的历史文化印记，而文化遗产就是其不同时期历史演变的见证，承载着村落的历史与记忆，是我国民族文化中弥足珍贵的文化珍宝。在城中村的改造过程中对当地的文化遗产进行保护与传承，不仅有利于城中村历史文脉与文化特色的延续，同时还可以推动城市发展，提升城市活力。

3. 有利于提升经济效益、节约资源

城中村人口集中，有人口聚集就有消费，能够带动城市经济的发展，拉动该地的内需增长。人口多，需求也随之增多，加上村民的工作行业较为广泛，或许能发展更多业态的产业链。通过"微改造模式"去改善城中村环境，吸引更多产业的发展，新建幼儿园、小学、初中等；在社区中，要管理整个村集体的人口和资产，发展社区活动中心和医疗社区服务中心等公共服务行业，这些需求都在隐形地增加居民就业率，带动当地城市发展。

城中村是利益复杂体，涉及政府、村集体、村民三方利益，如何实现三方利益共赢？"微改造模式"能够改善城市单元环境，提升城市土地价格，也能够改善城中村的居住环境和提升村集体的经济收益。城市风景线逐渐变化，可提升整个城市风貌；原村民可以适当提升租金，增加租赁效益。

"再生性微改造"可逐步整治城中村环境，使其成为环境优美、公共设施配套齐全的社区。政府对城中村整治的财力和物力可转移到其他更为紧急的需求上，在改造过程中，不再大拆大建，保留建筑资源的同时节约自然资源，在此基础上激活空间动态，盘活土地效益，提高城中村的综合承载能力，努力推进城市整体可持续发展。这些城中村建筑的改造再利用不仅能节约建筑成本，还能吸引更多外来人口汇聚于此，有着较高的经济价值，能带动周边经济的发展。

4. 有利于"城村共生"

城中村是城市化进程中无法避免的产物，它的产生与形成也是经济快速发展的产物之一。在城镇建设初期，是农村包围城市，但经济积累到一定程度时，出现了城市包围农村的现象。城市一般以征地的形式进行延伸发展，城中村的农业用地不断被征用，但居住用地产权复杂而无法被征用。在多方利益的作用下，形成"征地不征村"的现象。城市化进程中对低成本居住条件的需求和市场是城中村发展的内在动力。当前城中村的整体环境较差，需进行改造，大规模地推倒重建对城市破坏相当严重，不利于城市的发展，而再生性微改造是当前较为适合城中村改造的模式。

城中村在城市发展中发挥了其社会功能，也是一个非常有活力的经济体。城中村低廉的住房租金，吸引大量外来人口聚集于此，一定程度上缓解了他们生活支出，为城市提供更多的劳动力，缓解城市安置外来人口的压力。在各种思想、文化习俗、生活方式进行碰撞的城中村中，流动人口能够更快地融入城市发展。

城中村也分担了一部分政府的管理成本，承担了社会保障功能，如社区医疗、心理咨询、党建活动等。微改造让城中村朝着可持续的方向发展，城村共生在文化、经济、社会、空间等多层面相互促进，达到共赢的目的。

三、基于文化传承的城中村改造案例

现如今，有不少城中村已经完成改造，虽然部分城中村是以推倒重建的方式进行改造，但是也有不少村在改造中对当地文化进行了保留与传承。近年来，随着人们对文化传承的认可与重视逐渐加深，城中村改造在文化传承的领域也有了一定的经验与成果，在这里特别选取了与文化保护、传承有关的改造案例进行分析，吸取其经验，反思其问题。

1. 广州东漖村改造

东漖村位于广州荔湾区，建于芳村花地河岸，是一个拥有 800 年悠久历史的岭南古村落。随着广州市城市化进程的不断加快，东漖村从一个具有传统岭南特色的古村落逐渐变成了布局凌乱、环境条件差的城中村。2009 年东漖村开始进行城中村改造，2013 年东漖村地块改造项目正式启动。

东漖村内的文化遗存丰富，有祠堂、庙宇、书舍、民居等多种历史建筑，荔湾区第三次全国文物普查数据库资料显示，东漖村现存郭氏大宗祠和北溪郭公祠 2 处登记文物保护单位，另有传统风貌建筑 19 处。据华南理工大学建筑设计研究院对东漖村地块的勘查，该地块现存可推荐历史建筑线索 3 个，可推荐传统风貌建筑线索 16 个，主要分布于石街坊、亲仁坊、怀宁坊及观兰坊。[①]

对于村内的文化遗存，东漖村采用的是原址保护与异地迁移相结合的方式对当地文化进行保护与传承。首先，对于村内选址考究且保存较为完好的 2 处登记文物保护单位——郭氏大宗祠和北溪郭公祠实施原址保护，使其尽可能地维持建筑现状，保护其"原真性"。其次，对村内其他历史建筑遗存进行价值评估，再经过详细的数据比对以及多种可行性分析，以历史资料照片为蓝本，将其以整体迁移的方

---

① 梁霭雯. 谈旧城改造规划与文化遗产保护——以广州市荔湾区东漖村地块改造为例 [J]. 中国文化遗产，2017，（1）：46–52.

式移建至郭氏大宗祠周边进行保护，按村落梳式里巷原始格局排列于郭氏大宗祠两侧。这些建筑单体规模较小，且分布零散，缺乏联系，采用整体迁移的保护方式不仅能重现广府村落历史环境，使各类建筑遗产在保护中更合理利用，同时有利于建筑遗存迁移后的集中保护，也使郭氏大宗祠重现昔日环境氛围（图6.2.1）。除文物建筑与历史建筑外，东漖村内还有不少传统广府风格的建筑遗存，但皆改动幅度较大，只保留了一些文物构件。这些文物构件具有该地的文化特色且与移建建筑原有建构物风格相似、体量相仿。经过统计和模拟测试，东漖村在改造过程中利用了这些文物构件，用来填补文物建筑、历史建筑、风貌建筑原有的缺失部分以及迁移过程中的损耗。一方面保证具有价值的建构物可二次利用，另一方面保障了迁移后的建筑遗存原始貌复原。最后，把具有广府文化特色并保存较好的街巷地面花岗石铺砌至移建地块里巷，使其复原村落原始地面风貌。[1] 同时，以天然和人工开挖相结合的方式，恢复村前水系河流并且种植有该村特色的观赏性植物，再度营造具有岭南特色的古村风貌。

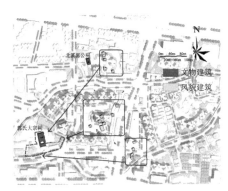

图 6.2.1　东漖村的改造方式[1]

　　东漖村的改造，对村内文化遗产的保护与传承有较为细化的探索，例如对改造范围内的文化遗产进行普查与分析，采用迁移保护与原址保护相结合的方式对村内古建筑进行保护，针对不同情况分别采取相应的保护措施，并且规划整合新的风貌街区，使当地的文化遗产得到很大程度的保护。在技术层面，也展示了较为科学、规范的具体迁移措施。东漖村的改造是城中村改造中文化遗产保护与传承的典型案例，有很高的参考价值，也为与之相邻的茶滘村的改造提供了借鉴。

---

① 张慧明，郑力鹏，郭祥.城中村改造中传统风貌建筑保护方式的探讨——以广州东漖村为例［J］.广东园林，2015，37（5）：4-7.

2. 厦门市曾厝垵改造

曾厝垵位于厦门岛东南部,随着厦门城市化进程的推进,曾厝垵大部分耕地被用于城市建设,曾厝垵从原来临海的小渔村逐步向城中村的空间形态转变,小客栈、大排档和各种违章建筑不断出现。原本美丽安静的小渔村变得脏乱,贫困的"城中村"成为社会保障的薄弱环节。

"城中村"需要改造,但多年来拆旧建新的方式忽视了对历史特色和传统文化的传承与保护。鉴于此,按照"美丽厦门"战略规划,厦门市提出"让农村更像农村",因地制宜地在曾厝垵建成"海鲜舫一条街",并坚持少拆房、慎砍树、不填塘,有针对性地对一家一户进行创意性"微改造",如曾厝"五街十八巷"提升改造项目。与拆除重建的城中村不同,曾厝垵在发展中较好地保留了"村落"的本色,虽然村子被现代城市建筑群所包围,但是内部仍保留着传统村落的空间肌理,以传统街巷为空间结构,以主道路为骨架支撑村落的布局。曾厝垵拥有多元的文化和信俗,在曾厝垵既有代表闽南地方传统信俗的拥湖宫、福海宫,也有代表妈祖信俗的妈祖宫、代表西方宗教的天主教堂,以及代表道教、佛教的寺庙。

曾厝垵在历史上曾经是华侨漂洋过海的始发地之一,他们中不少先辈去往东南亚各国。他们在外无论做了什么,都与祖国保持着密切的关系,也有华人华侨选择回国投资、修建宅屋,帮助厦门建设。至今曾厝垵留存着不少华侨建造的红砖古厝和南洋风格的"番仔楼"。这些古厝将外来文化和本土建筑文化

图 6.2.2　厦门曾厝垵红砖古厝

相融合,其主体结构以砖木混合为主,使用具有黑色条纹的"烟炙砖"。墙身通常由红砖白石砌成,有些墙面用海砂及牡蛎壳等混合成砂浆进行抹灰处理。室内铺有红色瓷砖,内壁则抹有白灰,边房中的夹层为木结构,部分设有栏杆扶手。古厝中还有许多雕花和彩绘等装饰细节,如门扇上各式的雕刻、山墙上象征吉祥的悬鱼、翠绿色的琉璃雕花栏杆等。这些装饰寄托了人们的美好愿望,展现了闽南装饰文化特色,是曾厝垵村落宝贵的财富(图 6.2.2)。

伴随着厦门旅游的快速发展,曾厝垵依托其较优越的区位优势,旅游人数逐年递增,2003 年游客量已突破 1000 万人次,旅游业的迅猛发展使得曾厝垵的传统建筑逐渐得到重视。越来越多文创和设计工作者在当地进行古厝的保护与改造工作,

如"1882 后院"和"紫云乡民宿"，设计者在保留了古厝原有格局的基础上，新增灰砖搭建的现代居室和简洁的艺术吊灯等元素来塑造文艺氛围，对当地历史文化做到了较好的保留与传承。曾厝垵也从城市边缘的"城中村"发展成为"闽台文化创意休闲渔村""中国最文艺渔村"（图 6.2.3）。

图 6.2.3　曾厝垵

由曾厝垵 183 号建筑改造成的渔村文化展示馆（图 6.2.4）为典型的"三间张三进单护厝"布局的闽南传统院落式住宅，具有鲜明的本土特色。该建筑的改造首先保留了烟炙砖、红瓷砖等原建筑的材料，展现古厝原有的历史风貌；其次参照曾厝垵本地的现有样式，引入当地元素来提升古厝风貌；最后在空间中放置当地的斗笠及捕鱼器具以提高空间文化氛围（图 6.2.5）。曾厝垵 183 号古厝的保护更新是对地方民俗、历史和社会价值的延续。

图 6.2.4　曾厝垵渔村文化展示馆

图 6.2.5　渔村文化展示馆内部

由曾厝垵古厝改造成的"紫云乡"民宿在对建筑改造修缮的同时加入现代元素赋予村落传统建筑新的意义（图 6.2.6、图 6.2.7）。根据古厝中原有的砖红主色调，室内加入了虚实结合的深红色调的木格栅元素。格栅采用了木龙骨支架和南方松防腐木饰面，既起到分隔空间，又保证了室内的采光，并于地面产生光影效果。改造成旅游民宿的古厝成为推动村落发展的动力，具有新的活力。

图 6.2.6　曾厝垵紫云乡民宿入口　　　　图 6.2.7　曾厝垵紫云乡民宿内部中庭

除了民宿和博物馆，曾厝垵村落中还有改造成商铺的古厝，如在村落中的东西院（图 6.2.8），该一层红砖建筑在改造的过程中保留了建筑立面上丰富的几何造型纹样，这些原来古味盎然的建筑装饰与店内所展示销售的闽南艺术品相呼应，为游客提供具有传统韵味的购物空间。

曾厝垵古厝的改造不仅是对村落物质文化的保护与修复，同时也是对当地历史文化的传承与发展。设计工作者通过对空间的更新及植入文化创意等方式使古厝成为推动当地旅游发展的动力，对历史文化村落的改造和更新有着很好的借鉴意义。

图 6.2.8　曾厝垵东西院改造后的商铺

第三节　基于文化传承的城中村公共空间
再生性改造思路与策略

一、城中村公共空间再生性改造对文化传承的需求

1. 城中村丰富文化遗存的传承需求

城中村往往承载着城市的历史记忆和文化多样性，具有传统文化与现代生活交融的独特属性。其中包含的不仅是静态的物质文化遗产，如古建筑、老街巷，还包括动态的非物质文化遗产，如地方戏曲、传统手工艺、节庆习俗等，这些文化遗存也构成了城市文化生态的重要组成部分。对有价值的历史建筑、文化景观进行保护与修复，可以强化居民对本土文化的自豪感和归属感，促进社区凝聚力的增强。同时，城中村是许多城市居民的根和记忆所在，对于维护社区的连续性和居民的身份认同具有不可替代的作用。将文化传承融入再生改造理念之中，可以在保留这些文化特色的同时，提升居住环境，满足现代生活需求，实现历史文化与现代文明的和谐共存。

对于城中村丰富文化遗存的合理保护和修复，无疑是对发展文化旅游的宝贵资源的保护，再生性改造可以将这些资源转化为旅游吸引力，带动当地经济发展，同时为外界提供了解其历史和文化的窗口，促进文化交流与传播。在快速的城市化进程中，保护城中村的文化遗存也是实现可持续发展目标的一部分。通过对既有资源的再利用和文化价值的挖掘，可以避免盲目建设和资源浪费，促进经济、社会、文化、环境的综合平衡发展。

2.城中村居民对于文化传承的需求分析

城中村，作为历史与现实交汇的独特地域，蕴藏了丰富的非物质文化遗产和深厚的民俗生活记忆。但随着城市不断扩张导致的改造升级压力，居民的传统生活方式和文化认同正面临严峻挑战。

城中村居民对本土文化有着深切的情感纽带，平时，大多数居民，尤其是原住居民都积极参与传统节庆、习俗和手工艺等文化活动，同时大部分居民都希望能够通过社区文化节、技艺工作坊等渠道强化周边人群的文化认同，并将这份文化记忆传承给后代，加强文化延续性。同时，通过走访多个城中村，发现大部分居民都强烈呼吁保护和合理利用如宗祠、古迹和老街巷等文化空间。这些空间对于传统文化是一个展示的窗口，但村内居民更希望这些传统的文化空间可以与日常融合，成为居民日常文化交流、教育及增强文化自信的社区活动中心。

此外，还有一些城中村的居民提出了关于年轻一代对于传统文化认知的缺失，希望能够通过更多适合于年轻一代的方式来对传统文化进行传播、教育。在此方面，可以通过学校教育、社区讲堂结合数字媒体和网络平台等多元化方式，普及本地历史文化知识与民间艺术，提升青少年的文化认知与参与度，同时也为文化传承开拓新的传播路径，确保其活力与可持续性。

二、基于文化传承的城中村公共空间再生性改造模式

1.修旧如旧为主的改造模式

城中村拥有众多的历史文物，如祠堂、古建筑、牌坊等，这些都是城市发展的文化足迹。城市更新中，以修旧如旧为主的改造模式主要运用在历史建筑中，恢复建筑的历史文化以及其艺术价值，延续建筑的使用功能。修旧中的"旧"，不是维持原建筑的破旧感，而是利用现代工艺的技术去修缮，保持原来建筑所蕴含的韵味和历史建筑独特的形态，还原其真实性，保留历史建筑的艺术价值和历史沉淀感。

祠堂作为城中村家族繁荣的象征，是我国宗族文化的产物。祠堂在城中村发挥着重要作用，是人们的集会场所和精神聚集场所。祠堂作为城中村最主要的公共建筑，地理位置一般在城中村的中心位置，或者较为中心的位置。村民在此商量议事，举办活动，祠堂作为维系村民关系的纽带，有着强大的凝聚力。

比如，广州城中村的祠堂几乎都是岭南建筑风格，有三雕两塑、彩色壁画、镬耳墙等元素的广泛运用。三雕有石雕、砖雕、木雕；两塑有陶塑、灰塑。三雕两塑的题材来源于民间生活或民间故事，如砖雕中的天姬送子、状元及第；石雕有植物

题材、动物题材、神话人物题材。砖雕和石雕主要运用在墙面。陶塑有花鸟、瑞兽、山水、粤剧情节等，陶塑是一种高浮雕艺术，主要运用在屋脊。灰塑有花鸟鱼虫、民间故事、传统吉祥物。通过修缮这些三雕两塑，外加建筑墙面和地面，使整个祠堂保持着原有韵味。祠堂如石牌村有董姓祖祠；棠下村有梅溪潘公祠、德珍潘公祠、尔政潘公祠等；龙洞村有樊氏大宗祠；黄埔村有冯氏大宗祠等。城中村是历史文化遗产的聚集地，这些历史建筑承载着城中村的发展历程，对于这些物质遗产，我们采用修旧如旧的方式，进行保护和传承。

2. 新旧结合为主的改造模式

"新旧"指新技术与旧材料的相互呼应，在新造型和旧形式的相互协调下。"融合"指通过再设计过程满足新的功能，升级产业。有一个旧的载体，在这个载体上实现老旧建筑的再生。

除了上文提到的祠堂，城中村还有牌坊、书塾、庙宇等历史建筑，岭南风格的特点依旧能在这些历史建筑中体现。这些历史建筑经过历史的沉淀，再设计可以分为两种。

第一种为新老建筑材料再融合。建筑结构内部一般为木材，这些承重结构已经被自然侵蚀得非常严重，只剩下外表的青砖还可以再次使用，再设计过程中，可以通过新旧材料相互结合，保留可用的青砖墙体结构，更新或再次利用还有价值的木材，做防腐处理，重新修缮承重结构。屋顶瓦片也需要重新整理，把可用的瓦片重新排列，外加相似颜色的新瓦片，完善整个屋顶的防水系统。

第二种为新老元素形式再融合。在保留建筑原始结构的前提下，内部空间架构良好，新建部分采用新的形式，与原始建筑形成一个历史与现代的穿插对比，如外加玻璃和铁框向外扩张，或者增加采光等建筑形式，产生新旧的交织，保留时代的印记。

新旧融合改造模式在满足新功能要求的前提下，能够将历史的沉淀与未来的发展相结合，旧的载体、新的建筑，从而赋予历史建筑新的韵味，在现代生活中再次发挥它的作用。

3. 文化创新为主的改造模式

城中村不仅是物质空间，也是人的精神和文化的载体，城中村的再生改造不仅限于旧建筑改造与翻新、新增公共设施等单纯的建设手段，更应该重视精神和文化在改造中的体现。

在以文化创新为主的改造模式中，城中村的改造以文化为基点出发，提取当地特色文化，建设文化产业链，带动当前地块的经济发展。空间形态、街区环境、历史建筑是旧城中历史文化的物质载体，一起构成了城中村的风貌，城中村文化是文化的历史沉淀，是人类文化繁衍到一定阶段的结果。在城市发展过程中，城中村通过有形和无形的方式积累、传承、保存、流传和创新文化。

文化产业链是主导文化产业及相关文化产业所构成的文化产业群，是由多个相互连接的产业组成的一个完整的产业系统[①]。利用城中村原有的文化和历史内涵，通过保护、改善、创新、设计进行文化遗产的活化、文化内容的融合、文化产品的生产。再利用文化流通手段，如广告宣传、新媒体推广等，宣传文娱产品进行推广，形成文化产业链。最后进行文化消费，来带动城中村的多方位发展。

如广州天河区的珠村被誉为"中国乞巧第一村"，乞巧节源自汉代牛郎织女的爱情故事，2005 年开始举办，之后每年农历的七月初七都举办乞巧节活动（图 6.3.1）。在举办活动期间，珠村吸引众多游客到城中村消费，并走进城中村的中心，让游客足迹进入城中村的中心，而不是只在城中村商业发达的边界活动。在广州诸如此类的文化活动还有许多，如猎德村的端午赛龙舟（图 6.3.2）、坑口村的生菜会、长洲村的金花诞。城中村可以用当地特色活动来带动产业发展，吸引人们走进去探索村里的历史，发现城中村的活力。

图 6.3.1　广州珠村乞巧节现场

---

① 刘旭东. 文化产业发展中产业链设计若干问题分析［J］. 科技创新与生产力，2012（2）：36–38.

另外，结合城中村许多濒临失传的非物质文化，以文化产品的创新为城中村再生改造提供良性的发展。可以结合城中村的非遗文化，发展体验型的手工艺品制作，形成集展销、体验、传承、交流、培训等功能于一体的村内工作室，在民居或是有历史的建筑内，让城中村成为人们体验文化艺术魅力的新窗口。还可以提取有历史文化的城中村元素，进行文创产品的自主设计、独立版权的包装，进行文化产品的销售。把城中村文化的创新性转化用实体呈现出来，呈现一个历史文化传承和当代都市生活融合的城中村。如广州的醒狮文化，提取醒狮的各种元素，可以运用到日常生活用品中，如帆布袋、纸盒等（图6.3.3）。

 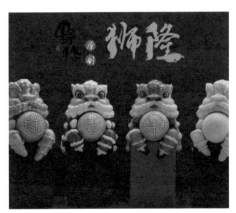

图 6.3.2　广州猎德村赛龙舟现场　　　　　图 6.3.3　醒狮文创产品

文化创新改造模式下的城中村，从传承和创新发展两个角度让城中村绽放活力，能够带动城中村集吃、住、行、游、购、娱于一体的文化消费。把历史文化、人文底蕴和现代都市生活完美地结合在一起，让隐藏在小巷深处的文化经典走进大众的视野，留下城市记忆和乡愁。通过高品质的业态规划结合城中村特色的文化内容创作，探索"跨界"融合，营造全新的城中村街区型文化氛围，打造极具当地文化特色的城中村，为城中村注入更多活力，提供城市有机更新方向。城中村不再是人们心中的"脏、乱、差"代表，转变为文化风貌、产业业态多样的竞争力强的地区，无形中增强了城中村的活力，促进城市的可持续发展。

三、基于文化传承的城中村公共空间再生性改造策略

1. 物质文化遗产传承的改造策略

（1）原址保留，保护修缮

"原真性"是文化遗产保护的重要原则之一，也是历史建筑存在价值的核心。

一般情况下，建筑遗产（尤其是文物建筑）应采用原址保护的方式，这样可以最大限度地保留建筑遗产及其环境的历史信息，减少城中村改造对遗产造成的损害。例如，广州城中村内有许多保护较为完好的历史建筑，如祠堂、庙宇等，这些历史建筑现为村民交流、休闲、举办民俗活动的场所，有着交流、信息公示、教化后代等多种功能，是村内重要的文化传承的场所。对于此类保存较为完好、有文化传承功能且有重要历史价值和文化价值的历史建筑，应采用原址保护修缮的方式对其进行保护与传承。

（2）外旧内新，添加功能

城中村内有许多保存较为完好但处于封闭、闲置状态的历史建筑。这类建筑的特点：有着较为悠久的历史，能反映出当地的一些历史文化发展，有一定的历史文化价值，建筑外立面保存完好，但是建筑内部已经找不到原有的痕迹。例如广州珠村的恒上书塾、东溪家塾，寮采村的宏瑶书舍等，对于此类建筑，可以参照广州西关大屋的改造方式，新旧结合，采用在古建筑里添加新功能的方式对其进行改造。对建筑外观进行保护修缮，内部进行复原，将其改造成为民俗文化展览馆或历史记忆博物馆等，不仅能对此类历史建筑进行修缮保护，同时可以留住此地的历史记忆，还能起到文化传播的作用。

（3）新旧结合，旧建新用

城中村内还有部分历史建筑已经被居民拆改，只保留了部分特色建筑结构。被拆改的建筑多为村内的民居或商铺，拆改后仍有居民居住或使用，对于此类建筑可以采用新旧结合、旧建新用的方式对其进行改造，对其保留的特色建筑的结构进行重点保护。在整体风格与历史建筑相协调的前提下，与现代化元素相结合，保留其历史的氛围，但内核功能已经转变，将其改造成为具有当地文化特色的商业建筑。

2. 非物质文化遗产传承的改造策略

（1）为非物质文化遗产的保护与传承提供传承场所

随着有社会价值、文化价值的历史建筑的拆改，部分民俗文化的传承会因失去其赖以生存的传承场所而逐渐消逝。如广州荔湾区的粤剧八和祖师诞，曾因八和会馆被毁，八和祖师诞祭拜活动被迫停止，直到1947年，八和弟子在恩宁路购置会馆，恢复了祭拜活动。除此之外，还有北京市海淀区的六郎庄五虎棍、丰台区看丹村的药王庙会，广州市荔湾区的黄大仙祠庙等，都曾因历史建筑的拆毁或是社会结构的转变，失去了其赖以生存的基础，民俗活动一度中止，后又因建筑的重建，民俗活动再度恢复。因此，想要更好地保护与传承当地的非物质文化遗产，就必须对其赖以生存的历史建筑或文化场所进行保护，或是为其发展与传承提供空间与场所。

（2）与现代设计以及现代科技相结合

现代科技日新月异，对人们的生活方式与思想观念产生巨大的影响，从问卷调查的分析可知，现如今，网络是信息传播的重要途径之一，在文化传承与传播方面，应重视对网络以及现代科技的运用。同时，随着时代变化，人们的审美也在发生改变，通过对广州城中村内部分非遗的调查可知，由于人们审美观念的转变，不少非遗文化由于不符合当代人的审美，传承与发展面临消失的危机。文化的传承与发展应与现代设计相结合，只有不断进行文化创新，适应社会潮流，才能更好地传承与发展。

（3）以文字、图片、影像等方式记录，形成图谱

城中村最终要走向城市化，成为城市不可分割的一部分。所以，很多有特色的城中村文化终会随着社会的发展、时代的变迁而慢慢消失。我们虽然无法让这些文化遗产继续保存下去，但是我们可以通过文字整理以及拍摄照片、影像等方式将其保存下来。这些材料，不仅为当地文化延续的见证，也为以后的文化研究保留住第一手资料。还有很多当地的俗语、民歌、当地流传的故事等，随着时代的发展，终会慢慢消逝。如果不可以直接保存，那么可以通过文字、图片甚至是影像资料等方式整理成册，这是教化后代、延续文化的一种重要方式。

第四节　基于文化传承的城中村公共空间再生性改造设计实践

基于理论层面对城中村再生改造中文化传承的重要性，解析其在城中村改造中的作用机制，包括文化记忆的保存、地方文化的重塑以及村内活力的激发等方面。本章节中将以广州珠村为对象，通过设计实践，更进一步探讨如何在改造设计实践中融入文化元素，如利用传统建筑符号恢复历史街巷格局、激活非物质文化遗产等策略，以设计语言讲述地域故事，维系城中村传统文化的连续性。

一、珠村基本概况

1. 区位分析

珠村位于广东省广州市天河区珠吉街，是一个典型的城中村。从广州市地图

看，其大致位于广州市中心区东部，北靠大凌山，南面珠江，与黄村相邻。珠村南面的牌坊靠近 BRT，有多条公交路线经过，西侧不远处有东圃客运站与黄村地铁站，交通便利。

2. 历史文脉

珠村于南宋绍兴元年建村，迄今为止已有 800 多年的历史，是一个有着悠久历史文化的岭南古村落。珠村曾名上东村，因旁边有三个小山岗，最初叫作"三珠岗"，据族谱记载，在明清时期，珠村因取"朱衣耀映，紫气辉腾"之意，曾取名为"朱紫"，后又有珠溪、朱紫乡、珠紫乡等称谓，"文革"期间，珠村曾更名为卫东村，改革开放后又恢复了珠村的叫法，沿用至今。

从村内祠堂数量及名称，如潘氏宗祠、梅隐潘公祠、礼可潘公祠、帝长钟公祠等，便可得知珠村村民主要有潘、钟两姓，潘姓为珠村氏族中的第一大姓，其次是钟姓以及陈姓。由族谱及《广州市天河区志》记载可知，这两姓皆自南宋始从中原南迁而来，聚族而居，逐渐形成相对稳固的文化传统。珠村的第三大姓氏陈姓，因无族谱可查，无法追溯其久远的历史，但据该族的老人讲述，陈姓族人进入珠村的时间也大致在南宋年间，比钟、潘二姓稍晚。

珠村历史悠久，几百年来，居民的经济来源主要以农耕为主，其中橄榄、菠萝等水果久负盛名。然而随着广州城市面积的迅速扩张，珠村也从原本的古村落逐渐沦为"城中村"。现如今虽然珠村已经成为典型的城中村，但是其文化底蕴深厚，村内依然保留着大量且丰富的文化遗产，包括数千平方米的历史建筑以及丰富多彩的民俗文化。其中，非物质文化——乞巧节极具特色且声名远播，2010 年入选第三批国家级非物质文化遗产名录，珠村享有"中国乞巧第一村"的称号。

3. 文化特点

相较于部分城中村而言，珠村内的文化遗存丰富且保存较为完好，虽然近年来随着经济发展，高楼逐渐林立，但珠村内仍保留有较大面积的历史建筑群。通过对资料的汇总以及对珠村的实地考察，可以发现珠村的文化数量多且种类丰富，具有地域性和岭南文化特色。

珠村内现存诸多历史建筑，有祠堂、书舍、庙宇、名人故居、抗战遗址等，还有不少古树名木，珠村内还传承了不少民俗活动，如乞巧节、拜猫、龙舟竞渡、粤曲等，数量多且种类丰富（图 6.4.1）。

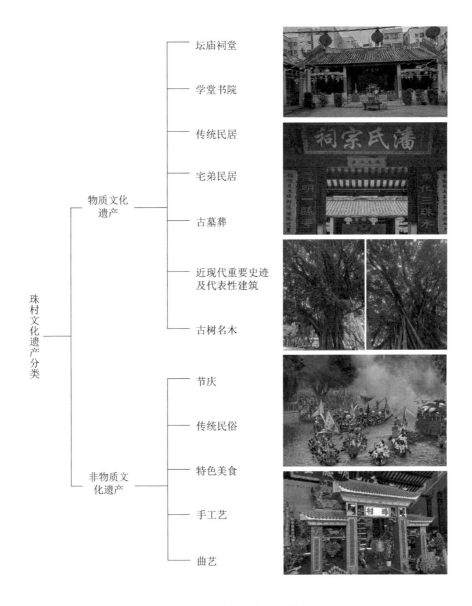

坛庙祠堂

学堂书院

传统民居

宅弟民居

古墓葬

近现代重要史迹
及代表性建筑

古树名木

物质文化
遗产

珠村
文化
遗产
分类

节庆

传统民俗

特色美食

手工艺

曲艺

非物质文
化遗产

图 6.4.1　珠村文化的多样性

　　另外，文化的产生与发展通常与当地的地域环境等有着密不可分的关系，不同的地区其文化特点也各不相同，都有其自身地域性的特点，珠村也是如此。珠村的文化具有其独特的地域性，例如"拜猫"这一民俗活动，是珠村特有的民俗活动，极具地方特色。其地域性的特点在当地的历史建筑上也有所体现，如建筑上瓦当的图案与纹样、屋顶灰塑、墙上砖雕、木雕以及壁画的图案与题材也大多来源于本地，与其他地方的历史建筑有所差异，能体现其地域性特点（图 6.4.2）。

图 6.4.2　珠村文化的地域性

　　同时，珠村处在广府文化的大环境里，其文化也具有岭南文化的特点。如村内的历史建筑中，博古脊、镬耳墙等具有岭南特色的建筑构件随处可见，泥塑、灰塑、石雕等装饰艺术在村内祠堂建筑上也运用广泛（图 6.4.3）。

图 6.4.3　珠村文化的岭南风格特点

二、珠村现状分析

1. 环境现状

　　据文献调查可知，珠村原为一个山环水绕的岭南古村落，随着社会发展，村落面积扩展，把山脚纳入其中，形成现在的珠村。为方便阐述，下文将珠村分为"新村"与"旧村"来阐述，"旧村"是指原珠村古村落，而"新村"是指现在的珠村。通过对珠村的实地调研可以发现，与其他城中村相比，珠村有很多自身的优势，如村内文化遗产丰富；村民对文化的保护与传承有一定的重视程度且村内对于当地文化的保护与传承已采取一些措施；附近有 BRT、交通客运站与地铁站，交通便利；水网纵横，景观资源丰富等。但是与其他城中村相似，珠村也存在许多问题。

　　珠村的主要环境问题都集中在"旧村"，如：建筑密度高，"握手楼""一线天"等情况随处可见，建筑底层采光不足，光线昏暗。与其他城中村相似，珠村的经济来源逐渐由"耕地"转为"耕楼"。珠村内房屋加建情况严重，导致珠村内建筑布局混乱，杂乱无章，且存在大量住房闲置。珠村内还存在许多废弃建筑与部分危险建筑，残破不堪，与周围高楼形成鲜明对比。村内道路狭窄，不成系统，许多对外道路只有 5～7m，对内道路仅 2m 左右，部分道路甚至不足 2m，不能满足消防要求，存在极大的火灾隐患；缺乏停车、晾晒等公共设施以及文娱设施等；缺乏公共绿地。虽然珠村水系发达，有河流、湖泊等景观资源，但由于其水道封闭且缺乏污水处理设施，村内河涌、水塘水质浑浊，滋生蚊蝇（图 6.4.4）。

图 6.4.4　珠村环境现状

2. 人口结构

根据问卷调查的数据分析可知，珠村内现居民以外来人口为主，外地户口的居民占总人口的 79%，本地户口的居民仅占 21%（图 6.4.5）。珠村的人口结构以 25～40 岁的人口为主，占 42%，其次是 25 岁以下，占 32%，总的来说还是以年轻人偏多。

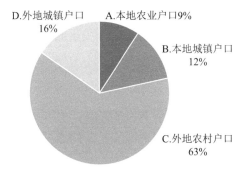

图 6.4.5　珠村居民结构分析

3. 珠村基础设施分布

通过实地调查，珠村的基础设施较为完善，文化教育、医院、公交站、银行等基础设施皆有，但居于外围的基础设施便利性较高，中心区域的基础设施有待完善与加强（图 6.4.6）。

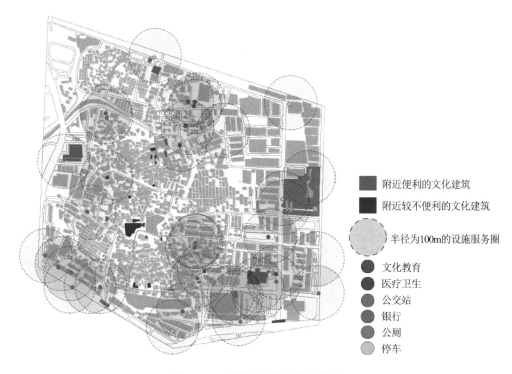

附近便利的文化建筑

附近较不便利的文化建筑

半径为100m的设施服务圈

文化教育
医疗卫生
公交站
银行
公厕
停车

图 6.4.6　珠村基础设施分布情况

4. 珠村居民对村内文化的认知

从实地调研可知，珠村是一个文化气息浓郁的村落，村内的文化遗产数量多且种类丰富，从问卷调查的数据分析可知，虽然城市的发展使珠村从一个岭南古村落逐渐转变成为"城中村"，但村内居民对于村内文化还是有一定认知以及保护意识的。据问卷的数据可知，约81.54%的居民希望生活在一个文化氛围浓厚的珠村，15.46%的居民表示无所谓，仅3%的居民表示不希望（图6.4.7）。

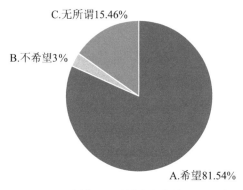

C.无所谓15.46%

B.不希望3%

A.希望81.54%

图 6.4.7　珠村居民对村内文化的重视程度

　　珠村居民对本地最为了解的是民俗活动——乞巧节以及赛龙舟，约71％的居民都知道村内有乞巧节这项民俗活动，约44.33％的居民知道村内的赛龙舟活动。其次，村民了解的村内文化遗产为村内的历史建筑，约25.77％的居民知道村内有历史建筑。而对于村内具有地域特色的"拜猫"，了解的居民较少，仅有6.19％的居民知道这项民俗活动（图6.4.8）。珠村内大多居民愿意参与村内的节日活动，占61％，并且有40％的居民参与过村内的民俗活动。

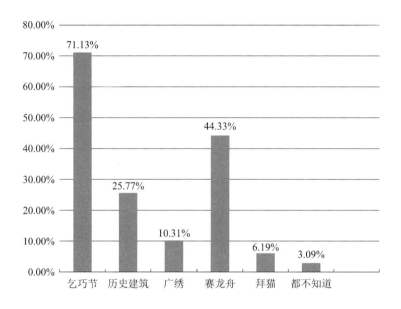

图 6.4.8　珠村居民对村内传统文化的认知

　　此外，还对村内居民获取文化信息的途径作了调查，得知村内居民获取文化信息的途径以网络资讯为主，约有35.19％的居民是以网络资讯获取文化信息，其次是口口相传以及通过社区公告栏的传播途径获取文化信息，分别约占25.77％和23.9％，珠村内的中年人大多是以这两种方式获取文化信息的。12.07％的居民对本村文化是本来就知晓的，认为是约定俗成的，还有3.07％的居民以其他方式获取文化信息（图6.4.9）。对于传统文化的传播方式，大部分居民认为举办活动是最佳的传播方式，占46％；其次是以网络信息的方式传播，占33％。

　　对于文化周边类产品，61.86％的居民持支持且愿意购买的态度，31.96％的居民表示支持但不会购买，仅6.18％的居民表示不支持（图6.4.10）。

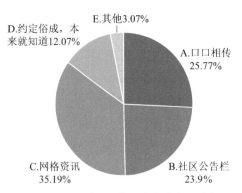

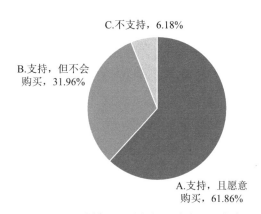

图 6.4.9　珠村居民获取文化信息的途径　　　图 6.4.10　珠村居民对文创周边产品的态度

由此可知，珠村的居民对村内的文化是有一定认知的，并且大部分居民愿意参与村内的民俗活动。另外，科技的发展不容忽视，网络是文化传播的有效途径之一，在文化的传承上应该注重网络资源与科技的运用。

三、珠村文化梳理与分析

1. 珠村物质文化遗产分析

珠村内物质文化遗产丰富，包括其山水格局、传统街巷、历史建筑、历史文物和古树名木等。历史建筑是珠村内最常见的物质文化遗产，珠村内历史建筑较多，有不可移动文物建筑如北帝古庙、潘氏宗祠、潘文治故居等 27 处；历史建筑线索如沂江潘公祠、尧昌潘公书室 2 处；传统风貌建筑线索 30 处，大多为能反映其古村传统风貌的民居建筑。除此之外，珠村内还有少量的社坛、石匾、更楼等。根据对珠村的实地调研并查阅《广州市天河区珠村历史文化名村保护规划》等相关资料，作者将珠村内的物质文化遗产进行了汇总与梳理（表 6.4.1、表 6.4.2）。

珠村物质文化汇总及梳理　　　　　　　　　表 6.4.1

	分类	具体对象
物质文化遗产	山水格局	鹤鸣山、走马山、大灵山等山体
		深涌及深涌的三条支涌
		大塘、南便塘、西便塘、北社塘、中东仔塘、南门社塘、文化社塘
	传统街巷	文化大街、大塘边街、南门塘街、桥头基直街等
	古树名木	木棉、榕树等十余棵
	历史建筑	北帝古庙、潘氏宗祠、沂江潘公祠、尧昌潘公书室等

珠村历史建筑类文化遗产汇总及梳理　　　　　　　表 6.4.2

类别	名称	年代
坛庙祠堂	北帝古庙	清
	以良潘公祠	清康熙十二年（1673 年）
	梅隐潘公祠	清
	珠村水浸社坛	清
	珠村潘氏宗祠	清
	谛长钟公祠	清
	可田潘公祠	清
	元德陈公祠	清
	兴明潘公祠	清同治四年（1865 年）
	启初潘公祠	清
	珠村南海神祠	明末清初
	仁可潘公祠	清乾隆元年（1736 年）
	世韬潘公祠	清
	伯祥潘公祠	清道光十三年（1833 年）
	满聚钟公祠	清
	接山潘公祠	清
	灵山古庙	清
	环翠潘公祠	清
	聚龙社坛	清
	文清潘公祠	清
	沂江潘公祠	清
	秉常潘公祠	民国
	寿昌潘公祠	民国
学堂书院	东溪家塾	清
	念源潘公书舍	清
	渭南潘公书舍	清光绪二年（1876 年）
	尧昌潘公书室	清
	恒上家塾	清
	乔斯潘书室	民国

续表

类别	名称	年代
传统民居	文华大街 1 号民居	民国
	东桥大街三巷 14 号民居	民国
	大塘边街三巷 12 号民居	民国
	北社大街五巷 1 号民居	民国
	南便大街八巷 7 号民居	民国
	文华大街 13 号民居	民国
	文华大街五巷 3 号、5 号民居	民国
	文华大街三巷 10 号民居	民国
	中东上街一巷 17 号、18 号民居	民国
	中东上街二横巷 20 号民居	民国
	中东上街二巷 12 号民居	民国
	中东街 18 号民居	民国
	中东上街五巷 8 号民居	民国
	南门上街二巷 5 号、8 号民居	民国
	南门上街二巷 10 号民居	民国
	南门上街 10 号民居	民国
	南门上街七巷 3 号、5 号民居	民国
	东桥大街二巷 1-1 民居	民国
	东桥大街四巷 5 号民居	民国
	文华大街三巷 14 号民居	清
	南门下街 12 号民居	清
古墓葬	郝门潘氏墓	明
	潘礼可夫妇合葬墓	元—清
	潘礼可家族墓地	元—清
	郝孟德夫妇合葬墓	清乾隆年间
近现代重要史迹及代表性建筑	珠村农民协会旧址	民国十三年（1924 年）
其他古建筑	居安更楼	清

通过整理上述资料可知，珠村内的物质文化遗产种类丰富、数量多且遍布全村，首先，数量最多、占比最高的物质文化遗产为历史建筑，主要分布如图 6.4.11

所示。祠堂是珠村内最为常见且最具特色的历史建筑，珠村内曾有祠堂建筑 58 间，现存 33 间，现今珠村内的祠堂大多保护完好且均在使用中，是人们交流、举办活动的重要场所之一，是维护村民交流交往的重要纽带，有一定的社会价值和文化价值。其既是珠村宗族文化传承的体现，同时能一定程度上反映出珠村的历史。另外，在建筑装饰上珠村祠堂带有岭南文化的特点，具有一定的历史价值与艺术价值。

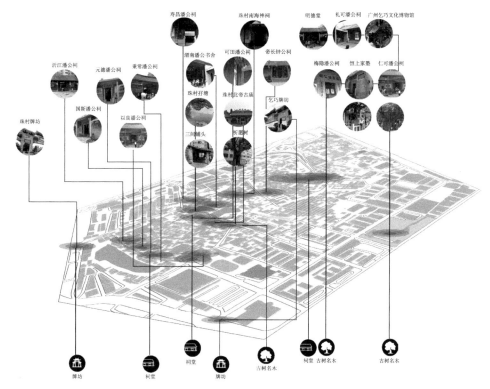

图 6.4.11　珠村内历史建筑分布

其次，村中较多的是学堂书院，如恒上书塾、东溪家塾、渭南潘公书舍等，反映了珠村自古以来重视教育，村内文化气息浓厚。庙宇建筑中最为人们所熟知的是北帝古庙，北帝古庙始建于明代洪武年间，历史悠久，现为珠村举办民俗活动的场所，记录着珠村的历史，是珠村重要的景观节点。除此之外，珠村还留有许多不同时期的传统民居，其建筑的岭南艺术特点突出，村内常见的建筑特色有青砖、岭南硬山顶、镬耳墙、抱石鼓、博古脊、岭南砖雕、梁雕等。珠村内还有古树名木 10 余棵，广州市重点保护古树名木 1 棵，是一棵树龄约为 177 年的木棉树。除此之外，最有标志性的古树名木为村中的祈愿树，"祈愿树"为榕树，树龄已高达 500 年左右，是珠村的"开村树"之一，也是珠村原古村落的村口标志。

2. 珠村非物质文化遗产分析

珠村内的非物质文化遗产种类丰富，包括节庆、传统民俗、手工艺、特色美食以及曲艺等。除我国普遍的节庆活动如春节、元宵、端午等，珠村的非物质文化遗产以当地的民俗活动最具特色且丰富多彩，有乞巧、龙舟竞渡、拜猫、挂灯等（表6.4.3）。

珠村非物质文化遗产汇总及梳理　　　　　表6.4.3

分类	具体活动	特点
节庆	春节、元宵、清明、端午、中秋	这些传统节日具有共同的特征，如家庭团聚、纪念传承、祈福庆祝、寄托思念等，不仅仅是简单的庆祝活动，它们深深植根于中华文化的土壤中，体现了中华民族的精神风貌和价值观念
传统民俗	乞巧、龙舟竞渡、拜猫、挂灯	这些传统民俗蕴含了丰富的文化内涵，能够加强社区凝聚力和归属感，同时可以增添节日气氛、保留历史记忆、传输文化，是中华文化宝库中的珍贵财富
手工艺	"摆七娘"、珠绣、禾花、芝麻香	这些手工艺具有深刻的文化寓意，其独特的艺术审美和地域特色，在社会层面具有多种功能，它们不仅传承了文化知识，还促进了手工艺市场的繁荣和发展
特色美食	小粉果、搓粉、白粉饼	大部分特色美食的制作往往都保留了传统的手工技艺，比如搓粉需要手工搓制，小粉果则需要手工包裹馅料，这体现了中华饮食文化的独特魅力
曲艺	粤曲	粤曲以其独特的语言、音乐、表演和剧目特点成了中国传统文化的重要组成部分，不仅展示了广东地方文化的魅力，也丰富了中华传统文化，通过保护和传承焕发出新的光彩

珠村，被誉为"中国乞巧第一村"，现如今珠村的乞巧文化已成为广州"一区一品"重点建设文化项目，如"摆七娘"和"七夕游园"，不仅弘扬了传统节日文化，还成为地区文化品牌建设的亮点。而独特的"拜猫"习俗，反映了珠村民俗文化的地方性特征及对自然界的独特崇敬方式，这一罕见的民间信俗活动，增添了珠村文化的神秘与吸引力。珠村几百年来一直传承着农历正月十六"拜猫"的习俗，香火鼎盛，颇有影响。此外，龙舟节也是珠村具有广泛影响力的民俗活动。除了为人们所熟知的端午扒龙舟以外，还有很多其他的特色活动，如每年五月初一的"龙舟招景"，还有赛龙结束以后的"散龙船标"。

总之，珠村非物质文化遗产底蕴深厚，特色鲜明。以乞巧节、拜猫习俗和龙舟节这些民俗活动为亮点，不仅维系了社区的凝聚力，也向外界展示了其文化的多样性和生命力。这些非物质文化遗产的保护与传承，不仅是对珠村历史记忆的珍视，也是对中国传统文化活力的展现，为促进文化多样性与社会文化的可持续发展贡献了宝贵力量。

四、基于文化传承的珠村再生性改造设计

1. 珠村空间布局及改造范围

根据对珠村的调查以及相关资料的查阅可知，珠村面积约为 6.1km²，其水乡风格突出，河流环绕，村内有大小不一的水塘 7 个，呈现出"村环水、水环村"的山水格局。其次，珠村的文化遗产丰富，其历史建筑及文化遗产主要集中在文化大街、孖塘及大塘三块区域，若以文华大街、南门大街、东华三巷三条街巷为骨架将其相串联，可呈现出"三横一纵"四条主要文物路径（图 6.4.12）。这四条文物路径可以将珠村内的主要物质文化遗产串联起来，形成一片完整的传统风貌景观（图 6.4.13）。

图 6.4.12 "三横一纵"主要文物路径

图 6.4.13　珠村文化资源分布及串联

　　本次设计实践的范围主要是珠村文化丰富的中心区域。珠村内文化遗产丰富，大面积拆改的改造方式势必会对村内文化产生损坏甚至损毁，不利于村内文化遗产的传承与保护。相反，以小修小补为核心，渐进式的"微改造"方式十分适合珠村，不仅节约改造成本，同时有利于村内文化遗产的保护与传承。作者采取"微改造"方式，对改造范围内的文化遗产进行分类与梳理，提取其文化节点并对其进行设计与改造，使用这些小的节点将珠村的文化遗产及文化线索相串联，使其文化特色更加明显，凸显其文化氛围。

　　2.珠村空间分类及改造思路

　　根据对珠村的实地调研，可以将珠村内的空间大致归类为四种类型：点状空间、线状空间、面状空间以及边界空间。点状空间包括因建筑围合形成的小块空间、街角、道路交叉形成的交叉路口等。线状空间主要指村内的交通道路、沿河区域空间以及建筑之间形成的较为狭长的空间等。珠村内道路系统较为混乱，道路交织形成了许多不同形式的线状空间。面状空间是指村内面积较大的闲置空地。边界空间是指珠村的边缘，与城市相接或是相邻近的空间（图6.4.14）。

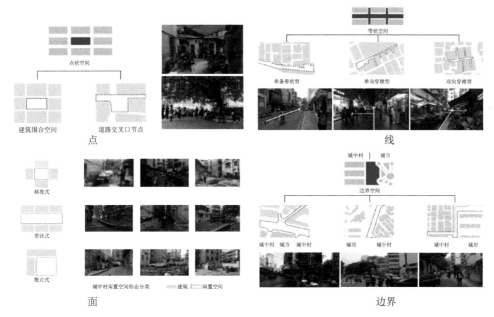

图 6.4.14　珠村村落空间形式分类

　　根据对珠村内文化遗产的梳理与分类、对村内空间形式的分类以及存在问题的分析，结合村内居民需求，确定了从文化传承的视角出发，提炼珠村文化元素，以将村内文化与区域重塑相结合的方式对珠村进行改造的思路。并根据此改造思路提出以下五种以珠村文化传承为核心的改造方法，分别是古建筑改造、滨水空间再生、口袋公园改造、街角装置的设计与应用，以及文创衍生（图6.4.15）。

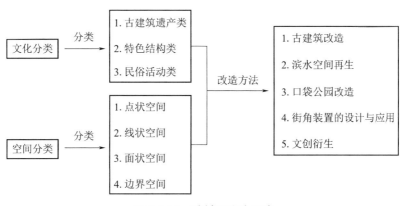

图 6.4.15　珠村的改造思路

3. 古建筑改造

历史建筑是珠村内数量最多且种类最为丰富的物质文化遗产。通过对珠村内古建筑的调研可知，珠村内的历史建筑因其建造年代不同、功能属性不同以及后人对其使用与改造情况不同，现状差异较大，对其进行设计改造需要具体情况具体分析。通过调研分析，作者将珠村内的古建筑大致分为三种类型，针对其现状特征设计不同的改造方法。

第一种类型是保存完好的祠堂和庙宇建筑，如：梅隐潘公祠、元德陈公祠、北帝古庙等。这类历史建筑的特点是保存较为完好并且一直在使用，是珠村内举办传统民俗活动、村内信息公示的场所，同时也是人们平时休闲娱乐的场所之一。不仅建筑装饰精美，具有艺术价值，同时承载着珠村的记忆与历史，能体现珠村的宗族文化，还是村内居民交流的纽带。对于此类古建筑，主要是原址保留，保护修缮，不破坏古建筑原貌，保留住村内文化交流与文化传承的场所（图 6.4.16）。

图 6.4.16　珠村内保存完好的祠堂、庙宇建筑

第二种类型是书舍建筑，如恒上书塾、东溪家塾等，这类古建筑的特点是保存较为完好，但大多未开放，处于闲置状态。此类建筑，在改造时可以参考广州陈家祠以及西关大屋的改造方式，修旧如旧，采用在古建筑里添加新功能的方式进行改造。对古建筑的外立面进行修缮，保护其原貌，但在功能上可以将其改造成为民俗文化博物馆或是展览馆等。这类建筑本就是具有文化价值的历史建筑，能一定程度上反映珠村重视教育、文化气息浓厚的特点，将其改造成民俗文化博物馆或是展览馆不仅能增加村内的文化场所，同时能起到文化传播的作用，更好地传承本地文化（图 6.4.17）。

第三种类型，已经被居民拆改成商铺或是餐馆等，这类历史建筑的特点是只保留了部分特色建筑构件，建筑主体已经完全被拆改，失去了原貌。对于此类建筑，可以采用新旧结合、旧建新用的方式对其进行改造，保留其原有业态，只对其保留的特色构件以及外立面进行重点保护与修缮，而主体部分可以使用玻璃立面等现代化、商业化的元素，新旧结合，在保留住其历史氛围的同时又不失现代的时尚新意。在改造时，还可以适当地将具有岭南风格特点的建筑元素，如青砖、满洲窗等，或是具有本地地域特色的图案、纹理运用其中，使其更加具有艺术特色。

图 6.4.17　珠村书社建筑改造效果图

4. 滨水空间再生

珠村水乡风格突出，其"村环水、水环村"的山水格局是珠村重要的文化遗产之一，丰富的景观资源也是珠村的优势所在。根据调查可知，珠村内有大小不一的水塘 7 个，其中大塘与中东孖塘周围散布着许多历史建筑，如北帝古庙、元德陈公祠等，文化资源丰富。但是由于珠村内的河道封闭，且村内缺乏污水处理设施，珠村内的河涌与池塘也存在水质浑浊、容易滋生蚊虫等诸多问题。其次，其周边环境存在空地闲置、景观性差、缺乏联系等问题，使得珠村内的景观资源没有得到充分的利用。同时，由于单个的历史建筑体量较小，其周边虽然有一定数量的历史建筑，但在房屋住宅林立的珠村内这些文化遗产依旧显得较为零散。

珠村内河流环绕，合理利用其河涌和水塘等景观资源，对珠村进行滨水空间的设计，并且将珠村的文化元素进行提炼并运用其中，不仅可以改善其村内环境，为居民提供公共活动空间，同时可以将村内的历史建筑等文化元素串联起来，形成较为完整的文化路径，有利于当地的文化传承（图 6.4.18）。

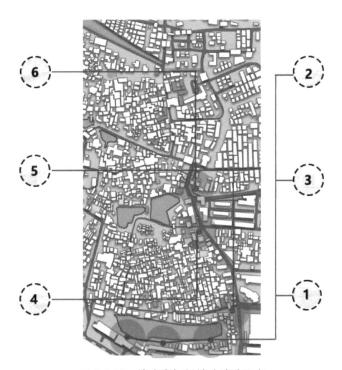

图 6.4.18　滨水空间场地改造选取点

通过对珠村内河涌和水塘的大小、形态以及周边环境等情况的分析，对珠村进行滨水空间的设计改造，作者根据其具体情况，设计了休闲景观步道、小型滨水公园、亲水平台等滨水空间。同时，由于珠村内水质较差，破坏了珠村环境，应对村内的河道、水塘等进行清理整治，同时可以利用生态的方法，种植合适的水生植物净化水体，不仅可以解决生活污水带来的河涌污染问题，还可以美化环境（表 6.4.4）。

珠村滨水空间改造前后对比　　　　　　　　　　　　　　表 6.4.4

选取点	改造前	改造后
1		

续表

选取点	改造前	改造后
2		
3		
4		
5		
6		

5. 口袋公园

根据问卷调查的分析可知，珠村存在缺乏绿植、缺乏公共活动空间以及文娱设施等问题，珠村居民对休闲、娱乐空间有较大的需求。而根据作者对珠村的实地调研，发现珠村有很多地方存在空地闲置、空间浪费、空间利用不合理等情况。

笔者认为可以将这些闲置空地根据其面积大小、地理位置、现状情况、周边居民需求等特点，赋予不同功能，将其改造成功能不一的口袋公园，既能适当增加村内的绿化环境，还能满足珠村内居民对于交流、娱乐、休闲等功能的需求（图 6.4.19）。

图 6.4.19　珠村口袋公园场地改造选取点

通过再生改造，赋予村内公共区域新功能，用口袋公园的设计方式将原本闲置、浪费的公共区域、角落废弃地用起来，使其成为居民社交休闲的场所（表 6.4.5）。

珠村口袋公园改造前后对比　　　　　　　　　表 6.4.5

选取点	改造前	改造后
1		
2		
3		
4		
5		

6.街角装置

通过调查发现，珠村与其他城中村相似，存在缺乏公共设施且建筑密度高、空间拥挤的情况，针对这种情况可以设计一些不同功能的街角装置"插入"城中村的街角区域。对于街角装置的设计，参考借鉴了南头古城的"小美架"。设计了一款模块化、功能不一、可根据需求自由组合的街角装置，其功能包括旧物回收、晾晒、休憩、图书借阅、娱乐等（图6.4.20）。

单人座椅　　　　　　多人座椅　　　　　　置物架

图书借阅　　　　　　休闲娱乐　　　　　　休闲娱乐

置物架　　　　　　置物架　　　　　　失物招领
旧物回收

晾晒　　　　电动车充电&停放　　　　垃圾桶

图6.4.20　街角装置单个模块功能分析

针对珠村文化气息浓郁的特点，在设计过程中对珠村的文化元素进行提炼、简化、重组，再运用到装置中，如在休憩装置中运用了岭南满洲窗的元素，在晾晒设施中运用了珠村古建筑屋脊元素等。在儿童娱乐的装置中，可以将珠村的非物质类文化遗产的相关信息以图片和文字的形式附着于儿童娱乐设施上，既能增加珠村文化氛围，又能宣传与普及村内文化（图 6.4.21）。

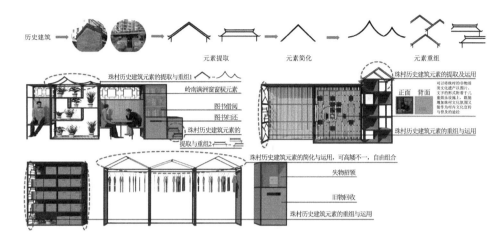

图 6.4.21 文化元素在街角装置的运用分析

这些模块化的小装置可以根据空间的大小、空间所需要的功能单个使用或者是自由组合与拼装使用，灵活且便捷（图 6.4.22）。

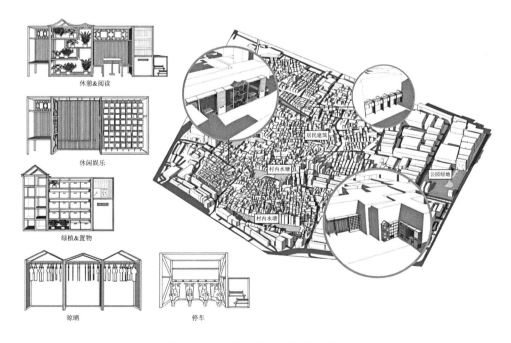

图 6.4.22 模块组合示意及运用图

将具有珠村文化元素的装置根据需求运用到街角各处，不仅可以完善其缺乏的功能设施，同时能以此串联村内的物质文化遗产，使人们走在珠村街道中便可体会浓厚的文化氛围（图 6.4.23）。

图 6.4.23　街角装置的设计运用

7. 文创衍生

文化产品也是文化传播的重要途径之一，好的文化产品不仅能带来经济收益，同时还能起到文化传播与文化传承的作用。珠村作为一个历史文化悠久且文化遗产丰富的城中村，历史的沉淀使其文化具有独特性。对村内有特色的建筑结构以及民俗活动进行元素提炼、元素重构，设计具有珠村文化特色的图案，运用到村内标志、公共设施等地方，也可以将这些特色文化元素与文创产品相结合，设计一系列文创产品，特别是可以与当地特色的民俗节日如乞巧、拜猫、扒龙舟等相结合，不仅有利于文化创新，同时可以吸引年轻人的注意力（图 6.4.24、图 6.4.25）。

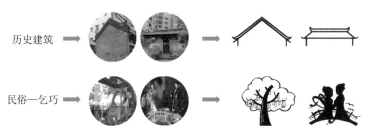

图 6.4.24　文化元素提取分析

图 6.4.25　文创产品衍生

小　结

　　文化传承是一个具有历史意义的命题，贯穿在整个人类发展的过程当中。在中国越发国际化的今天，文化传承更凸显出其重要意义。国际的、时代的需要发扬，但本土的、特色的更不能失去。我国各地的城中村文化特色已经逐渐消失，从以往具有丰富民俗活动的村子，发展成为同质化愈发严重的城中村，整个过程不到半个世纪，现今具有当地文化特色的城中村已经屈指可数。城市现代化发展并不意味着传统文化的剔除，而应该将传统的进行筛选、继承、发扬，从而形成地域特色，这也是本研究的初心。

　　发掘城中村的文化，在改造过程中结合文化传承的理念，需要背负着挖掘、继承与发扬城中村文化的使命，多方了解城中村的物质文化与非物质文化，在文化传承的基础之上进行微改造，使其改造后不丢失城中村的特点，形成具有文化特色的城中村，既让本地村民保留了他们的文化记忆，同时对外来人口形成良好的文化普及，认识城市文化的多元化成分。

参考文献

［1］盖尔.交往与空间［M］.何人可，译.北京：中国建筑工业出版社，2002.

［2］库哈斯.癫狂的纽约［M］.唐克扬，译.北京：生活·读书·新知三联书店，2015.

［3］桑德斯.落脚城市［M］.陈信宏，译.上海：上海译文出版社，2012.

［4］雅各布斯.美国大城市的死与生［M］.金衡山，译.南京：译林出版社，2006.

［5］林奇.城市意象［M］.方益萍，何晓军，译.北京：中国建筑工业出版社，2001.

［6］阿恩海姆.艺术与视知觉［M］.滕守尧，译.成都：四川人民出版社，1998.

［7］芦原义信.街道的美学［M］.尹培桐，译.天津：百花文艺出版社，2006.

［8］芦原义信.外部空间设计［M］.尹培桐，译.北京：中国建筑工业出版社，1985.

［9］莫纳.城市设计的维度［M］.冯江，袁寿，万谦，等，译.南京：江苏科学技术出版社，2004.

［10］高宁环.境行为学观点探讨居住区户外环境［D］.咸阳：西北农林科技大学，2007.

［11］胡芙.基于环境行为学的居住建筑灰空间设计研究［D］.株洲：湖南工业大学，2018.

［12］李景磊.深圳城中村空间价值及更新研究［D］.广州：华南理工大学，2018.

［13］李俊夫.城中村的改造［M］.北京：科学出版社出版，2004.

［14］林玉莲，胡正凡.环境心理学［M］.北京：中国建筑工业出版社，2000.

［15］刘蕾.城中村自主更新改造研究——以深圳市为例［D］.武汉：武汉大学，2014.

［16］刘强.在地文化视角下城中村有机更新路径研究——以苏州城湾村为例［D］.苏州：苏州科技大学，2019.

［17］陆润东.基于图底关系理论的深圳城中村公共空间研究——以南头古城为例［D］.深圳：深圳大学，2017.

［18］石卉楠.城市活力视角下苏州城中村公共空间改造研究［D］.苏州：苏州科技大学，2018.

［19］谭雅妮.深圳白石洲城中村公共空间景观设计研究［D］.咸阳：西北农林科技大学，2019.

［20］王燕妮.城市化进程中民俗变迁研究——以武汉市舞高龙习俗为例［D］.武汉：华中师范大学，2013.

［21］肖俊琪.城市生活街区与居民行为关系的空间研究［D］.武汉：武汉纺织大学，2018.

［22］薛志乾.基于人群需求的城中村改造安置区规划研究［D］.郑州：郑州大学，2016.

［23］杨绮文.广州城中村改造中新居住模式初探［D］.广州：华南理工大学，2013.

［24］于深.社区公共活动景观设计中的环境行为研究［D］.北京：中国艺术研究院，2010.

［25］张为平.隐形逻辑［M］.南京：东南大学出版社，2009.

［26］张雪.环境行为学视角下促进社区交往的环境设计研究［D］.天津：天津大学，2014.

［27］郑波.城中村改造中公民参与研究——以开封新区城中村改造为例［D］.开封：河南大学，2013.

［28］朱凯.城中村民俗文化续存诉求下建筑空间的有机更新［D］.广州：华南理工大学，2013.

［29］陈静敏，郑力鹏.广州城中村历史建筑保护对策初探［J］.中华建筑，2007，7：135-137，141.

［30］储冬爱."城中村"民俗：传承与变迁——广州珠村的调查［D］.广州：中山大学，2006.

［31］韩斯斯，蒋雨含.城中村形成与改造经验研究——以广州为例［J］.中

小企业管理与科技（中旬刊），2014，8：194-195.

［32］何俊.广州市城中村"微改造"研究［D］.广州：广东财经大学，2018.

［33］黄丽君.广州"城中村"改造研究［D］.广州：华南理工大学，2017.

［34］牛通，谢涤湘，范建红.城中村改造博弈中的历史文化保护研究——以猎德村为例［J］.城市观察，2016，4：132-140.

［35］彭小青，陈丹.广州城中村改造中古建筑保护问题研究［J］.萍乡高等专科学校学报，2012，2：70-73.

［36］曲少杰.广州"三旧"改造中历史文化保护与利用研究［J］.城市观察，2011，2：95-105.

［37］陶伟，程明洋，符文颖.城市化进程中广州城中村传统宗族文化的重构［J］.地理学报，2015，12：14.

［38］肖冰.历史文化特色视角下的城中村改造研究［D］.北京：北京建筑大学，2017.

［39］谢灿成.广州市"城中村"更新研究［D］.广州：广州大学，2008.

［40］张慧明，郑力鹏，郭祥.城中村改造中传统风貌建筑保护方式的探讨——以广州东漖村为例［J］.广东园林，2015，5：4-7.

［41］张志超.广州黄埔区城中村改造中的村落历史风貌保护策略探讨［D］.广州：华南理工大学，2018.

［42］周蕊.文化传承视角下的城中村更新策略研究［D］.泉州：华侨大学，2017.

［43］吴良镛.人居环境科学导论［M］.北京：中国建筑工业出版社，2006：37-62.

［44］吴良镛.北京旧城与菊儿胡同［M］.北京：中国建筑工业出版社，1994：57-63.

［45］王新，蔡文云.城中村何去何从——以温州市为例的城中村改造［M］.北京：中国市场出版社，2010：52.

［46］李培林.村落的终结——五羊村的故事［M］.北京：商务印书馆，2004：27.

［47］陈建强，吴明伟.现代城市更新［M］.南京：东南大学出版社，1999：120.

［48］朱明洁.开放营造：为弹性城市而设计［M］.上海：同济大学出版社，2017：128.

［49］黄晶，贾新锋.重塑街道：中心城区街道边缘的碎片化整合［M］，北京：中国建筑工业出版社，2010：72.

［50］罗.拼贴城市［M］.童明，译.北京：中国建筑工业出版社，2006：95.

［51］大野隆造，小林美纪.人的城市：安全与舒适的环境设计［M］.余漾，尹庆，译.北京：中国建筑工业出版社，2006：45-52.

［52］徐磊青.广场的空间认知与满意度研究［J］.同济大学学报（自然科学版），2006，（2）：181-185.

［53］徐磊青，康琦.商业街的空间与界面特征对步行者停留活动的影响——以上海市南京西路为例［J］.城市规划学刊，2014，（3）：104-111.

［54］陈薇薇.更新与共生——论广州城市旧工业建筑改造的设计策略［J］.城市建筑，2012，（15）：21-26.

［55］张宇星，韩晶.沙井古墟新生——基于日常生活现场原真性价值的城市微更新［J］.建筑学报，2020，（10）：49-57.

［56］罗彧.深圳城中村街道空间微更新研究［J］.艺术教育，2018，（15）：35.

［57］胡必晖.城市有机更新下沿街建筑立面改造的设计方法研究［J］.建筑与文化，2016，（4）：182-183.

［58］江豪.广州市城中村"微改造"方式初探——以白云区安全隐患整治为例［J］.城市地理，2017，（12）：22-23.

［59］NILSSON C, BERGGREN K. Alteration of riparian ecosystems caused by river regulati［J］. BioScience, 2000, 50（9）.

［60］陈薇薇.城市更新过程中旧厂房的再生设计——以广州为例［J］.艺术评论，2015，（11）：99-102.

［61］陈薇薇，邓烨华.基于文化传承的城中村微改造设计研究——以广州市岑村为例［J］.城市建筑，2021，18（16）：59-61.

［62］陈薇薇，刘洁.基于文化特色视角下的城中村改造设计研究［J］.绿色科技，2020，（15）：45-46.

［63］陈虹宇，陈子昱.传统文化保护与承传视角下的宏村古民居图底关系研究［J］.建筑与文化，2020，（4）：258-260.

［64］陈竹，叶珉.什么是真正的公共空间？——西方城市公共空间理论与空间公共性的判定［J］.国际城市规划，2009，24（3）：44.

［65］郭苏莹.天河"十四五"规划描绘高质量发展新蓝图［N］.南方日报，

2021-03-09.GC02 版．

［66］郭晓君，邓海波．建筑装饰中图底关系的应用［J］．福建建筑，2000，3：71-72．

［67］黄健文．旧城改造中公共空间的整合与营造［D］．广州：华南理工大学，2011.

［68］梁晨，曾橙．基于环境行为分析的城中村公共空间更新——以华侨大学厦门校区兑山村为例［J］．新建筑，2018，（6）：108-111．

［69］李伟，林怡琳．深圳城中村改造中的外部公共空间塑造［J］．山西建筑，2007，33（29）：37-38．

［70］黎云，陈洋，李郇．封闭与开放：城中村空间解析——以广州市车陂村为例［J］．城市问题，2007（7）：63-70．

［71］李增军，谢禄生．都市里的"村庄"现象［J］．经济工作导刊，1995，（8）：20-21．

［72］雷莹．格式塔心理学在景观中的应用［J］．装饰，2004，（9）：42-43．

［73］崔赫．基于视知觉图底关系的建筑外立面形式构成研究［D］.杭州：浙江大学，2011.

［74］蓝宇蕴．城中村：村落终结的最后一环［J］．中国社会科学院研究生院学报，2001，（6）：100-101．

［75］孟岩，林怡琳，饶恩辰．村/城重生：城市共生下的深圳南头实践［J］.时代建筑，2018，（6）：58-64．

［76］潘国城．高密度发展的概念及其优点［J］．城市规划，1988，（3）：21-24．

［77］孙颖，殷青．浅谈图底关系理论在城市设计中的应用［J］．建筑创作，2003，（8）：30-32.

［78］汤洁睿．基于图底关系理论的汉口历史城区城市肌理研究［D］．武汉：武汉理工大学，2012.

［79］谭文勇，阎波．"图底关系理论"的再认识［J］．重庆建筑大学学报，2006，（2）：28-32.

［80］翁聪．基于空间句法的城中村公共空间优化策略——以广州贝岗村为例［J］．中外建筑，2019，（2）：105-107．

［81］魏钢．城市高密度地区公共空间改进策略研究［D］．北京：中国城市规划设计研究院，2011.

［82］魏钢，朱子瑜.浅析澳门半岛公共空间的改善策略［J］.城市规划，2014，（S1）：64-69.

［83］吴昆.城中村空间价值重估——当代中国城市公共空间的另类反思［J］.装饰，2013，（9）：41-46.

［84］王绍曾.城市绿地规划［M］.北京：中国农业出版社，2005：366.

［85］伍学进.城市社区公共空间宜居性研究［M］.北京：科学出版社，2013：87.

［86］王一珺.建筑外围公共空间中的图底关系［J］.华中建筑，2003，（6）：13-14.

［87］张仲军，张卫，侯珊珊.传统街道空间界面尺度与比例解析［J］.小城镇建设，2010，（5）：92-95.

［88］张慧玉.格式塔心理学对形的探讨［J］.理论界，2005，（7）：137.

［89］广州市人民政府.广州市住房发展"十四五"规划［EB/OL］.（2021-08-18）［2024-6-20］.https://www.gz.gov.cn/zwgk/zcjd/ytddzc/content/post_7725938.html.

［90］广州市规划和自然资源局.广州市规划和自然资源局关于市十五届人大四次会议第20192415号代表建议答复的函［EB/OL］.（2019-05-24）［2024-6-20］.http://ghzyj.gz.gov.cn/gkmlpt/content/5/5548/post_5548977.html#946.

［91］AHIRRAO P, KHAN S. Assessing Public Open Spaces：A Case of City Nagpur[J]. Sustainability, 2021, 13(9): 4997-4997.

［92］亚历山大.建筑模式语言［M］.王听度，周序鸣，译.北京：知识产权出版社，2002：1239-1241.

［93］雅各布斯.伟大的街道［M］.王又佳，金秋野，译.中国建筑工业出版社2009：305.

［94］芒福汀.街道与广场［M］.张永刚，陆卫东，译.北京：中国建筑工业出版社，2004：109.

［95］特兰西克.找寻失落的空间——城市设计的理论［M］.谢庆达，译.北京：中国建筑工业出版社，2008：78，116.

［96］阿恩海姆.建筑形式的视觉动力［M］.宁海林，译.北京：中国建筑工业出版社，2006：47-56.

［97］拉斯姆森.建筑体验［M］.刘亚芬，译.北京：知识产权出版社，2003：36.

［98］任文辉，程帆."都市里的村庄"的今天和明天［J］.建筑学报，1989，（3）：5-9.

［99］潘玉君.人地关系与世界未来［J］.齐齐哈尔师范学院学报（哲学社会科学版），1992，（4）：12-15.

［100］郑健."城中村"问题及对策［J］.当代建设，1997，（4）：20.

［101］袁纯清.共生理论及其对小型经济的应用研究：上［J］.改革，1998，（2）：101-105.

［102］郇军，陈翔.都市里的"村庄"——"城中村"现象透析［J］.宁波经济，1999，（4）：31-32.

［103］代堂平.关注"城中村"问题［J］.社会，2002，（5）：44-46.

［104］刘敏.历史环境中新旧建筑的多元共生——以青岛旧城为例［J］.城市建筑，2006，（8）：38-41.

［105］胡璟.共生理论下的城市建筑综合体设计研究［D］.厦门：厦门大学，2007.

［106］黑川纪章.新共生思想［M］.覃力，等，译.北京：中国轻工业出版社，2007：189.

［107］吴亮.基于共生思想的集群式高层建筑研究［D］.哈尔滨：哈尔滨工业大学，2008.

［108］冯江.明清广州府的开垦、聚族而居与宗族祠堂的演变研究［D］.广州：华南理工大学，2010.

［109］曾祥林.共生理论下的城中村改造研究［D］.长沙：湖南大学，2012.

［110］王峰.当今建筑空间改造中"新旧"共生设计理念研究［D］.合肥：合肥工业大学，2013.

［111］栗翰江.城市既有住区景观改造的新旧共生研究［D］.合肥：合肥工业大学，2014.

［112］刘琳.基于共生理论的深圳凤凰古村保护性更新策略研究［D］.哈尔滨：哈尔滨工业大学，2014.

［113］广州市人民政府.广州市城市更新办法：条文释义［Z］.2015.

［114］万丰登.基于共生理念的城市历史建筑再生研究［D］.广州：华南理工大学，2017.

［115］陈思丞.基于"新旧"共生理念下的传统建筑空间再生研究——以民宿为例［D］.苏州：苏州大学，2017.

［116］陈雨牟.广州市历史街区微改造的保护与利用研究——以广州市永庆坊为例［D］.广州：华南理工大学，2018.

［117］陈淑菡."微改造"下的广州洛场古村公共空间更新活化研究［D］.广州：华南理工大学，2018.

［118］茅炜梃."绿色共享空间"理念下的城中村空间环境更新［J］.建筑与文化，2019，（6）：144–145.

［119］陈薇薇.城市化进程下古村落的再生性设计——以广州小洲村为例［J］.美术大观，2019，（6）：130–131.

［120］CHEN Xiaowei, HU Qiyang, CAI Qiang. Research on the Optimization of Public Spaces in Urban Villages Based on Space Syntax: A Case Study of Luochengtou Village in Handan City[J]. Journal of Landscape Research, 2021, 13(6)：99–102.